AF341262

SOCIÉTÉ FRANÇAISE D'OPHTALMOLOGIE

CONGRÈS DE 1895

RAPPORT SUR LA VALEUR COMPARATIVE

DES

PROCÉDÉS OBJECTIFS D'OPTOMÉTRIE

PAR

Le Dr H. PARENT (Paris)

PARIS

G. STEINHEIL, ÉDITEUR

2, RUE CASIMIR-DELAVIGNE, 2

1895

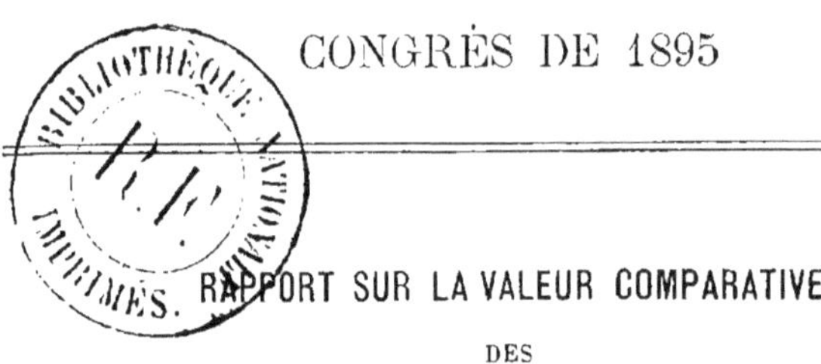

SOCIÉTÉ FRANÇAISE D'OPHTALMOLOGIE

CONGRÈS DE 1895

RAPPORT SUR LA VALEUR COMPARATIVE

DES

PROCÉDÉS OBJECTIFS D'OPTOMÉTRIE

par le Dr H. PARENT (Paris).

Les divers procédés objectifs d'optométrie ne sont que des applications des lois de la dioptrique oculaire. Une connaissance élémentaire de celle-ci est donc indispensable pour bien comprendre la théorie de ces procédés. Aussi ai-je cru bon de placer en tête de ce rapport un bref exposé de cette dioptrique, me limitant d'ailleurs aux parties qui ont un intérêt pratique, et sont afférentes à mon sujet.

Les yeux emmétropes présentent suivant l'âge, le sexe, la taille, des différences dans la longueur de l'axe optique, les rayons de courbure des surfaces, les indices des milieux. Les valeurs du tableau suivant conviennent surtout à l'œil emmétrope de l'homme adulte :

Désignons les 3 surfaces réfringentes de l'œil par . . $S^1 S^2 S^3$

La distance de la surface antérieure de la cornée à la surface antérieure du cristallin. . . . . $S^1 S^2 = 3^{mm},6$

La distance de la surface antérieure de la cornée à la surface postérieure du cristallin. . . . . $S^1 S^3 = 7^{mm},6$

Épaisseur du cristallin. 4

Axe optique (du sommet antérieur de la cornée à la couche postérieure de la rétine). . . . . $=23^{mm},7$

Diamètre antéro-postérieur total (axe optique avec choroïde et sclérotique) . . . . $23^{mm},7 + 1^{mm},3 = 25^{mm}$

Rayon de courbure de la cornée. . . . . $R = 7^{\text{mm}},7$
—   —   surface antérieure du cristallin. $R' = 10$
—   —   surface postérieure du cristallin. $R'' = 6$
Indice de réfraction de l'air. . . . . $n' = 1$
Indice de l'humeur aqueuse, égal à celui du corps vi-
tré. . . . . $n'' = 1.33$
Indice total du cristallin (1) . . . . $n''' = 1.41$

I. CONSTANTES OPTIQUES DE L'ŒIL APHAQUE, OU PREMIÈRE COMPOSANTE DU DIOPTRE OCULAIRE. — Nous voyons par ce tableau que l'œil est un dioptre composé de trois surfaces réfringentes S^1, S^2, S^3 ; *c'est une résultante dioptrique dont la cornée et le cristallin sont les composantes.* Mais, dans certains cas (discission, extraction ou luxation du cristallin) les deux surfaces $S^2 S^3$ disparaissent ; l'œil est dit alors *aphaque*, ou sans cristallin ; il devient un dioptre simple, réduit qu'il est à une seule surface réfringente S^1 (cornée). Or, dans tous les dioptres courbes à une seule surface réfringente, les deux longueurs focales sont données par les formules suivantes que nous appliquons à l'œil aphaque :

Longueur focale antérieure :
$$\varphi' = \frac{n' R}{n'' - n'} = \frac{1 \times 7,7}{1,33 - 1} = 23,1 ; \quad (1)$$

Longueur focale postérieure :
$$\varphi'' = \frac{n'' R}{n'' - n'} = \frac{1,33 \times 7,7}{1,33 - 1} = 30,8 ; \quad (2)$$

L'œil aphaque est donc un dioptre *inéquifocal*, et les deux longueurs focales φ' et φ'', sont entre elles dans le même rapport que les indices de réfraction des deux milieux :

$$\frac{\varphi''}{\varphi'} = \frac{30,8}{23,1} = \frac{4}{3} = \frac{1.33}{1} = \frac{n''}{n'} \qquad (3)$$

Ainsi, pour l'œil aphaque, le rapport des deux indices $\left(\frac{n''}{n'} = \frac{4}{3} \right)$ donnera les deux longueurs focales φ' et φ'' ; *il suffira de multiplier le rayon de courbure de la cornée par 3 ou par 4 pour avoir respectivement φ' et φ''.* Nous avons en effet d'après les équations 1 et 2 ou le dénominateur $n'' - n'$ est le même :

(1) Plusieurs figures de ce travail, empruntées à une de mes précédentes publications indiquent 1.43 pour cet indice ; mais d'après les récentes mensurations du physicien Berlin-Sans, de Montpellier, il semble que 1.41 soit plus exact.

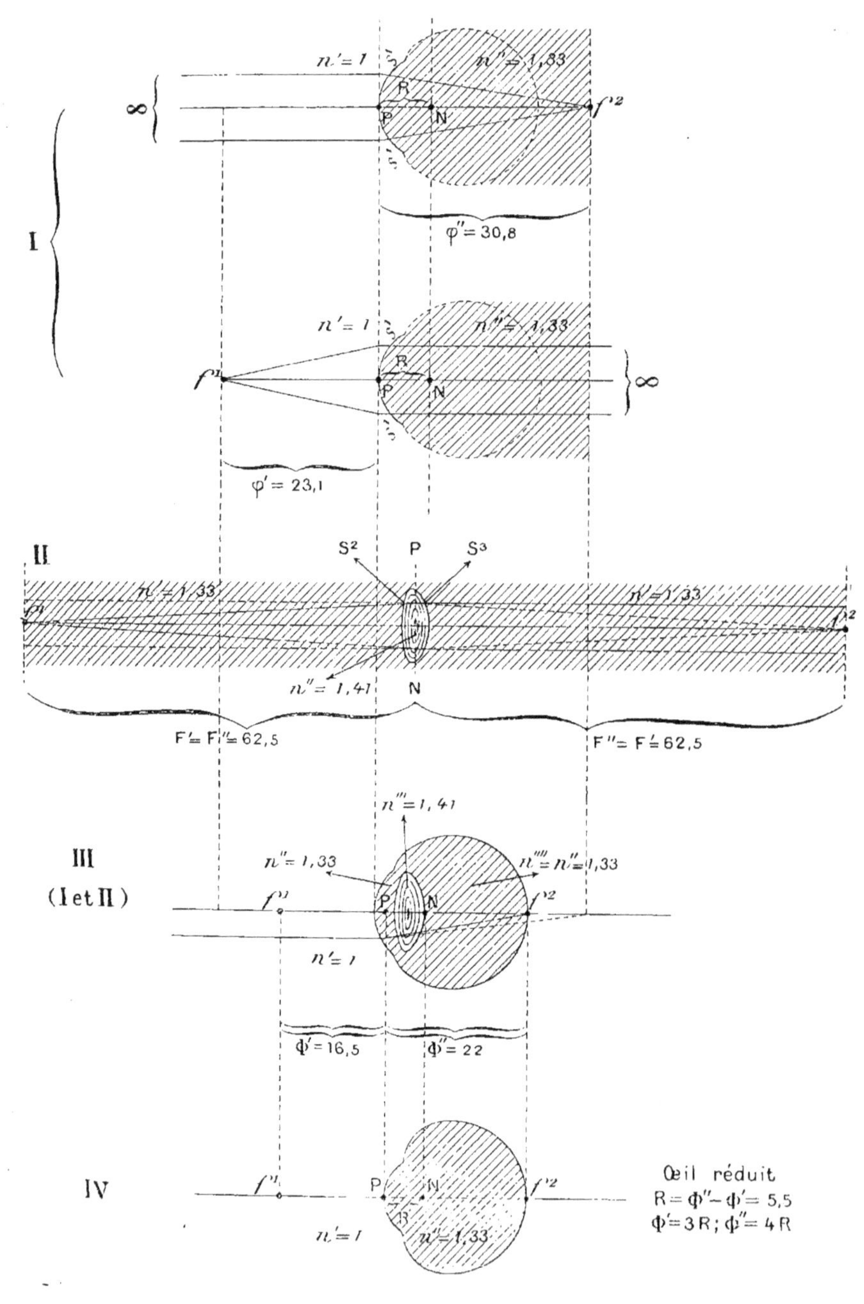

I
$n'=1$
$n''=1,33$
R
P
N
f'^2
$\varphi''=30,8$
$n'=1$
$n''=1,33$
R
P
N
f'^1
$\varphi'=23,1$
II
S^2
P
S^3
$n'=1,33$
$n'=1,33$
f'^1
f'^2
$n''=1,41$
N
$F'=F''=62,5$
$F''=F'=62,5$
III
(I et II)
$n'''=1,41$
$n''=1,33$
$n''''=n''=1,33$
f'^1
P
N
f'^2
$n'=1$
$\phi'=16,5$
$\phi''=22$
IV
f'^1
P
N
f'^2
Œil réduit
$R=\phi''-\phi'=5,5$
$\phi'=3R\,;\,\phi''=4R$
$n'=1$
$n''=1,33$

$$\frac{\varphi''}{\varphi'} = \frac{n''\,R}{n'\,R} = \frac{4 \times 7,7}{3 \times 7,7} = \frac{30,8}{23,1} \tag{4}$$

donc $\varphi' = 3\,R$ et $\varphi'' = 4\,R$. Nous avons en outre $\varphi'' = \varphi' + R$, et $\varphi' = \varphi'' - R$, et par suite $R = \varphi'' - \varphi'$.

Enfin, si nous appelons G' la distance du foyer antérieur f^1, au point nodal N, et G'' la distance du point nodal N au foyer postérieur f^2, nous aurons :

$$G' = \varphi'' \text{ ou } \varphi' + R \text{ ; et } G'' = \varphi' \text{ ou } \varphi'' - R.$$

f *le point focal antérieur*, — P le *point principal* ou point d'intersection de la surface réfringente avec l'axe optique, — N *le point nodal*, ou centre de courbure de la surface S^1, et f^2 le *point focal postérieur*, sont les *quatre points cardinaux de l'œil aphaque*, et les plans menés sur l'axe optique en ces points en sont les quatre *plans cardinaux* (fig. I). Ces derniers permettent de trouver par simple construction géométrique l'emplacement et la grandeur de l'image pour un objet donné.

De la valeur de φ'' nous pouvons déduire que l'œil opéré de cataracte dont le méridien horizontal de la cornée a un rayon de courbure de 7,7 se trouve emmétrope si son axe optique mesure 30^{mm},8, et si l'on fait abstraction de l'astigmie post-opératoire. L'emmétropie pour l'œil aphaque est donc possible, mais très rare, à cause de la grande longueur d'axe qu'elle nécessite.

II. Constantes optiques du cristallin, ou deuxième composante du dioptre oculaire. — Le cristallin, lentille biconvexe, a deux surfaces réfringentes S^2 et S^3 (fig. II), et par suite deux points principaux et deux points nodaux. On sait d'ailleurs que dans toute lentille biconvexe les points principaux coïncident avec les points nodaux. Mais nous pouvons, sans erreur sensible, supposer l'intervalle qui sépare les deux surfaces réfringentes comme infiniment mince ; les deux points nodaux se fusionnent alors dans le *centre optique*, et les deux plans principaux se fusionnent dans la perpendiculaire élevée sur l'axe principal au niveau du centre optique. C'est cette simplification que font les traités d'optique en faisant abstraction de l'épaisseur des lentilles.

Nous ferons également la même simplification pour les deux

points nodaux et les deux plans principaux de l'œil complet, qui n'aura par suite qu'un seul plan principal et un seul point nodal.

Le centre optique du cristallin O partage l'épaisseur du cristallin *e* en deux parties proportionnelles aux rayons de courbure des surfaces S² et S³.

$$OS^2 = \frac{e \times R'}{R' + R''} = \frac{4 \times 10}{10 + 6} = 2,5$$
$$OS^3 = \frac{e \times R''}{R' + R''} = \frac{4 \times 6}{10 + 6} = 1,5$$
$$\Big\} \; 4 \text{ m. m.} = e.$$

La distance du centre optique du cristallin O au sommet de la cornée sera la somme des distances S¹ S² + S² O = 3,6 + 2,5 = 6 en chiffre rond.

Longueur focale du cristallin. — Elle nous est donnée par la formule générale des lentilles :

$$F = \frac{R' R''}{\left(\frac{n''}{n'} - 1\right)(R' + R'')} = \frac{10 \times 6}{\left(\frac{1,41}{1,33} - 1\right)(10 + 6)} = 62.$$

62 millimètres telle est la longueur focale du cristallin (fig. II).

On peut aussi la trouver par simple déduction quand on

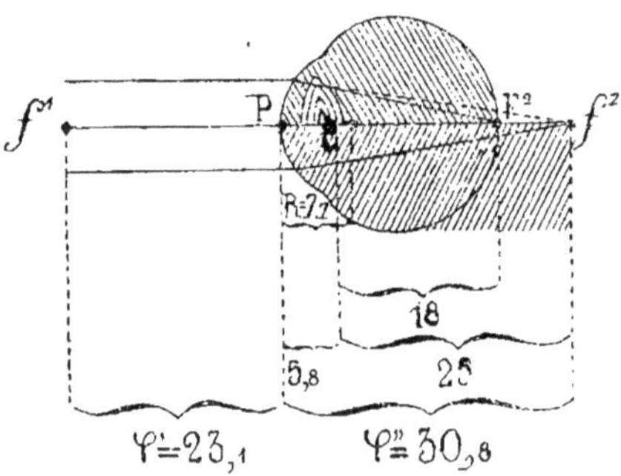

Fig. 5. — Action dioptrique du cristallin dans l'œil. Sans lui (partie inférieure de la figure) les rayons se réunissent en *f²* à 25 millimètres en arrière de son centre optique C.—Avec lui (partie supérieure de la figure) ces mêmes rayons se réunissent en F² à 18 millimètres en arrière de C et sur la rétine de l'œil E.

connaît le rayon de courbure de la cornée et la longueur de l'axe optique chez l'emmétrope. En effet, les rayons qui pénètrent dans l'œil rencontrent le cristallin en état de forte convergence ; sans lui ils iraient se réunir en f^2 (voir fig. 5) à $30^{mm},8$ derrière la cornée ; mais, grâce à son action dioptrique, ces rayons se croisent plus près, en F^2, sur la rétine, c'est-à-dire, à $23^{mm},7$, derrière la cornée. La distance de la cornée au centre optique du cristallin est de 6. D'après les valeurs données plus haut à Φ'' ($= 30,8$) et à l'axe optique ($= 23,7$) les points f^2 et F^2 sont donc respectivement éloignés, en chiffres ronds, de 25 et 18^{mm} du centre optique du cristallin.

La longueur focale du cristallin est donc égale à celle d'une lentille qui, recevant les rayons convergeant vers un point situé à 25^{mm} derrière elle, les réunit plus près à 18^{mm}. — La solution de ce problème nous est donnée par la formule des foyers conjugués dans les lentilles :

$$\frac{1}{f} = \frac{1}{a} + \frac{1}{b} \text{ d'où } f = \frac{ab}{a+b} = \frac{25 \times 18}{-25+18} = \frac{450}{7} = 63 \text{ millimètres.}$$

a est ici négatif puisque l'objet est virtuel en f^2 et son image réelle en F^2 (voir fig. 5).

Nous obtenons ainsi à peu près la même longueur focale par l'une et par l'autre méthode. Nous pouvons donc prendre $62^{mm},5$ pour la longueur focale du cristallin qui équivaudra alors exactement à celle de la lentille de 16 D., car $\frac{1000}{16} = 62,5$. Dans cette action totale (16 D.) du cristallin, chaque surface agit d'une façon inversement proportionnelle à son rayon de courbure, soit la surface antérieure pour 6 D. et la surface postérieure pour 10 D.

La longueur focale du cristallin peut encore se déduire du verre correcteur de l'aphaque antérieurement emmétrope. Admettons que ce verre soit 12 D. ($= 83^{mm}$ du foyer), et placé à 14^{mm} de la cornée, et par suite à 20^{mm} du centre optique du cristallin ; le remotum serait à $83 - 20 = 63^{mm}$ de l'emplacement qu'occupe le centre optique du cristallin, quand cet organe est dans l'œil.

Ainsi donc il y aurait concordance (63 d'un côté et 62.5 de l'autre) entre la longueur focale que nous avons attribuée au cristallin, et le verre correcteur de l'aphaque antérieurement emmétrope, *si ce verre correcteur était le plus souvent 12 D.*

Mais la majorité des aphaques antérieurement emmétropes remplacent cependant l'action de leur cristallin pour le méridien horizontal non pas par 12 D., mais le plus souvent par 11 D. seulement et parfois même par 10 D. Pourquoi cela ? Ce désaccord apparent est dû à ce fait qu'après l'opération de la cataracte par kératotomie supérieure ou inférieure, il n'y a pas seulement allongement du rayon de courbure du méridien vertical, dû au soulèvement du lambeau par le tissu de cicatrice (fait connu de tous), mais aussi, dans la plupart des

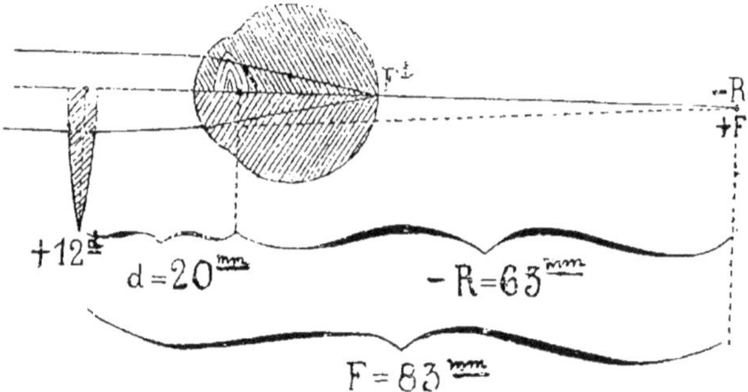

FIG. 6. — Action dioptrique du cristallin déduite du verre correcteur dans l'aphakie.

cas, un *raccourcissement du rayon de courbure du méridien horizontal*, c'est-à-dire une augmentation de réfringence Il en résulte une hypermétropie plus faible et par suite un verre correcteur plus faible (10 ou 11 D. au lieu de 12 D.) pour une même longueur d'axe optique.

D'après ce que nous avons dit ci-dessus de la longueur focale du cristallin ($62^{mm},5$) et de sa puissance dioptrique (16 D.), il est clair que tout œil qui aura (avec R = 7,7) *une myopie de 16 D., celle-ci étant comptée du centre optique du cristallin* (qui est à $1^{mm},7$ en avant du point nodal de l'œil aphaque, et à 6^{mm}, derrière la cornée), sera à peu près emmétrope après l'extraction du cristallin. Mais quel verre placé à 12^{mm} devant la cornée corrige une pareille myopie ? La myopie étant supposée de 16 D. comptée du centre optique du cristallin (1) le remotum est à $62^{mm}.5$ de ce dernier et à 62,5 —

____

(1) L'amétropie doit toujours se compter à partir d'un des points cardinaux de l'œil : point focal antérieur, point principal, point nodal. Elle est ici, par

6 = 56,5 de la cornée, et enfin à 56,5 — 12 = 44,5 du verre
correcteur. Ce dernier doit donc avoir cette longueur focale
et c'est le verre 22 D. Mais si le verre correcteur était placé
à $6^{mm},5$ seulement en avant de la cornée, il serait à 50^{mm} du
remotum ; ce serait alors le verre de 20 D. qui serait correcteur de cette même myopie.

Par conséquent, les personnes seulement qui avaient la
totalité de leur myopie corrigée par les verres de 20 ou 22 D.
respectivement placés à 6,5 ou 12^{mm} devant l'œil, auront,
après l'extraction du cristallin, le méridien horizontal emmétrope, si celui-ci a le rayon de courbure moyen $7^{mm},7$. C'est
pour cette raison que l'emmétropie, et à plus forte raison la
myopie, sont si rares après l'extraction du cristallin.

III. ŒIL COMPLET, OU RÉSULTANTE DIOPTRIQUE. — Réunissons
maintenant dans un seul système optique l'action réfringente
des 2 composantes dioptriques de l'œil, S^1 d'une part, et $S^2 S^3$
de l'autre, nous aurons l'œil complet avec ses trois surfaces
réfringentes $S^1 S^2 S^3$. Si φ' et φ'' désignent les longueurs focales
inégales de la première composante (S^1 cornée), et f la lon-
gueur focale de la deuxième composante (S^2 et S^3 réunis, cristallin), d l'intervalle des points principaux des deux composantes ($= 6$), nous aurons pour les longueurs focales antérieure
Φ' et postérieure Φ'' de l'œil complet les valeurs suivantes :

$$\Phi' = \frac{\varphi' f}{\varphi'' + f - d} = \frac{23,1 \times 62,5}{30,8 + 62,5 - 6} = 16^{mm},5.$$

$$\Phi'' = \frac{\varphi'' f}{\varphi'' + f - d} = \frac{30,8 \times 62,5}{30,8 + 62,5 - 6} = 22^{mm}.$$

Mais de quel point de l'axe optique de l'œil devons-nous
compter les longueurs focales Φ' et Φ'' ?

Nous avons vu que les longueurs focales inégales φ' et φ'' de
l'œil aphaque se comptent du sommet de la cornée, où se
trouve le point principal de l'œil aphaque (fig. I, p. 3), celles du
cristallin $f' = f''$ (fig. II) se comptent également de son point
principal, que pour plus de simplicité nous avons considéré
comme unique et se confondant avec le centre optique du
cristallin, ainsi que dans les lentilles infiniment minces. Or,

exception, comptée du centre optique du cristallin, afin de montrer la valeur
dioptrique de ce dernier.

au point de vue dioptrique l'œil complet est une résultante dont la cornée et le cristallin sont les composantes, et, par suite, *dans la fusion qui se fait des deux composantes, les points principaux des composantes se déplacent l'un vers l'autre avec une vitesse inversement proportionnelle à la puissance des dioptres auxquels ils appartiennent* ou, ce qui revient au même, *avec une vitesse proportionnelle à leur longueur focale*, et comme la composante cornéenne est près de trois fois aussi puissante que la composante cristallinienne, il est clair que, dans cette marche l'un vers l'autre des points principaux de chaque composante, celui de la cornée parcourt trois fois environ moins de chemin que celui du cristallin, et leur point de rencontre P (fig. 7) *point principal* cherché de l'œil complet nous sera donné par la relation suivante, où S^1 représente la surface de la cornée :

$$S^1 P = \frac{\varphi' d}{\varphi' + f} = \frac{23,1 \times 6}{23,1 + 62,5} = 1^{mm}, 7.$$

P est donc à $1^{mm},7$ derrière la cornée. Par suite le foyer antérieur est à $\Phi' - S^1P = 16,5 - 1,7 = 14^{mm},8$ en avant de la cornée, et le foyer postérieur est à $\Phi'' + S^1P = 22 + 1,7 = 23^{mm},7$ en arrière de la cornée.

Le raisonnement pour trouver le *point nodal* de l'œil complet, est le même que pour trouver le point principal : le point nodal de la composante cornéenne est à 7,7, et celui de la composante cristallinienne est à 6 en arrière de la cornée. Leur intervalle $d' = 7,7 - 6 = 1,7$. *Dans la fusion de ces deux composantes dioptriques les points nodaux des composantes se déplacent dans cet intervalle (1,7) l'un vers l'autre avec une vitesse inversement proportionnelle à la puissance des dioptres auxquels ils appartiennent, ou,* ce qui revient au même, *avec une vitesse proportionnelle à leur longueur focale.*

Leur point de rencontre N sera le point nodal cherché de l'œil complet, et sa distance au point nodal de l'œil aphaque nous sera donnée par la relation.

$$x = \frac{\varphi' d'}{\varphi' + f} = \frac{23,1 \times 1,7}{23,1 + 62,5} = 0,5.$$

Le point nodal N de l'œil complet est donc à $0^{mm}, 5$, en

avant du centre de courbure de la cornée (point nodal de la
1re composante), et à 1,7 — 0,5 = 1,2 en arrière du centre
optique du cristallin (point nodal de la 2e composante). Il
coïncide presque avec la surface postérieure du cristallin. Il
est seulement à 4 dixièmes de millimètre en avant.

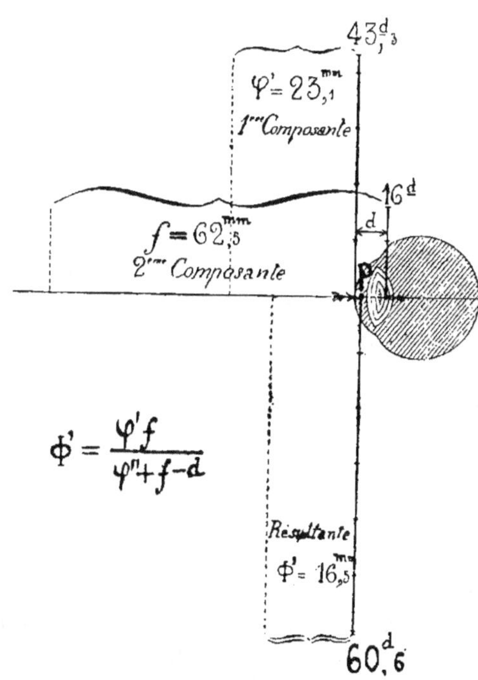

Fig. 7.— Partie supérieure de la figure : puissance dioptrique respective 43 D.3
et 16 D des deux composantes dioptriques (cornée et cristallin) de l'œil.
Partie inférieure de la figure : puissance dioptrique totale de l'œil complet
= 60 D. 6.

Le centre optique ou point nodal N de l'œil complet est
ainsi à 7^{mm},2 en arrière de la cornée, et par suite à 7,2 —
1,7 = 5,5 en arrière du plan principal P de l'œil complet
(voir fig. IV *bis*). Mais cette valeur 5,5 correspond exactement
à la différence des deux longueurs focales inégales Φ' et Φ'' de
l'œil complet (5,5 = 22 — 16,5) et nous trouvons ainsi la
confirmation de cette loi des dioptres :

*La distance du point nodal au point principal est égale à
la différence des longueurs focales principales du dioptre.*

C'est ainsi que dans les figures III, IV et IV *bis*, la distance PN (ou R) est égale à $\Phi'' - \Phi'$.

La figure 7 représente les deux composantes dioptriques cornéenne et cristallinienne, ainsi que leur résultante, l'œil complet ; leurs longueurs focales respectives sont indiquées horizontalement en millimètres, et leur puissance réfringente est indiquée verticalement en dioptries ; d est l'intervalle des points principaux des deux composantes ; P est le point principal de la résultante dioptrique. C'est donc à partir de P que se comptent les longueurs focales inégales Φ'' et Φ' de l'œil complet. La première longueur focale Φ' est seule figurée dans le dessin, et c'est son inverse ou $\dfrac{1}{\Phi'}\left(= \dfrac{1000}{16,5} = 60\ \mathrm{D.}\ 6\right)$ qui exprime la valeur dioptrique de l'œil. (Voir la note de la page 14, qui en donne les raisons).

La puissance dioptrique de l'œil complet (πO^c) est à celle de l'œil aphaque (πO^a) dans le même rapport que leurs longueurs focales antérieures respectives :

$$\frac{\pi O^c}{\pi O^a} = \frac{\Phi'}{\varphi'} = \frac{\dfrac{1}{16,5}}{\dfrac{1}{23,1}} \quad \text{ou en dioptries} \quad \frac{1000 : 16,5}{1000 : 23,1} = \frac{60\ \mathrm{D.}\ 6}{43\ \mathrm{D.}\ 3}$$

Autrement dit, *dans l'action dioptrique totale de l'œil, la cornée agit pour un peu moins des trois quarts, le cristallin pour un peu plus du quart seulement.*

J'ajouterai que pour l'œil complet (dioptre composé), comme pour l'œil aphaque (dioptre simple), le rapport de la seconde longueur focale à la première est égal au rapport de l'indice de réfraction du dernier milieu à celui du premier. Nous avons en effet :

$$\text{(œil complet)}\ \frac{\Phi''}{\Phi'} = \frac{\varphi''}{\varphi'}\ \text{(œil aphaque) ou}\ \frac{22}{16,5} = \frac{30,8}{23,1} = \frac{4}{3} = \frac{1,33}{1} = \frac{n''}{n'}$$

IV. — ŒIL RÉDUIT. — Par une dernière simplification on peut réduire à une seule les trois surfaces réfringentes de l'œil complet et le transformer ainsi en un dioptre simple, semblable à celui de l'œil aphaque, mais avec des longueurs focales plus courtes. Pour cela, il suffit de donner à l'œil complet une surface réfringente S dont le sommet sera au point P (point principal de la résultante dioptrique, fig. 7), et ayant pour rayon de courbure la distance P N (qui est égale à la différence des deux longueurs focales principales de la résultante dioptrique : $P N = \Phi'' - \Phi'$ (fig. IV et IV *bis*).

Les rayons transmis par cette surface sphérique unique sont parallèles à ceux qu'aurait transmis le système lui-même et, au point de vue de la construction et de la grandeur des images, on peut considérer ce dioptre simple, formé d'une seule surface S et d'un seul milieu n'', comme équivalent du système dioptrique composé des trois surfaces réfringentes $S^1 S^2 S^3$, avec les deux milieux d'indice différent n'' (cornée, humeur aqueuse et corps vitré) et n''' (cristallin). Les longueurs focales ont la même valeur ; ce nouveau dioptre a donc la même puissance que le premier ; il lui est *équivalent*. Un œil ainsi simplifié est dit *œil réduit*.

La figure IV *bis* $\left(\text{grossissement } \dfrac{3}{1}\right)$ représente dans sa moi-

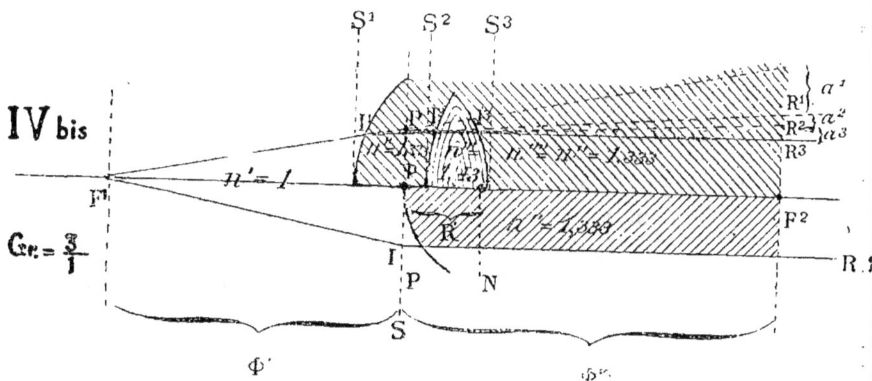

tié supérieure l'œil complet avec ses trois surfaces réfringentes S^1, S^2, S^3 ; dans sa moitié inférieure, l'œil réduit à une seule surface réfringente S de rayon $R = P N = \Phi'' - \Phi'$. Elle montre comment on peut trouver par simple construction géométrique l'emplacement du point principal P du dioptre composé oculaire. Considérons, en effet, le rayon incident F^1 I. Il rencontre successivement les surfaces réfringentes S^1, S^2, S^3, en I^1, I^2, I^3 et est réfracté respectivement suivant les

droites R^1, R^2, R^3. Les angles a^1, a^2, a^3 mesurent respectivement la déviation imprimée au rayon par chaque surface. On
voit que a^1, déviation due à S^1 (cornée) est à elle seule près.
de trois fois aussi forte que a^2 et a^3 réunis, déviations dues
à S^2 et S^3 (cristallin). Prolongeons maintenant, en sens contraire, le rayon incident $F^1 I^1$ et le rayon réfracté $I^3 R^3$; ils
se rencontrent dans l'humeur aqueuse en un point P' (1). De
ce point abaissons une perpendiculaire sur l'axe optique; elle
le rencontre en P. Ce point est le point principal cherché du
dioptre oculaire, PP' en est le point principal, et R ($=PN=$
$\Phi'' - \Phi'$) est le rayon de courbure de l'unique surface réfringente S. Les deux longueurs focales Φ' et Φ'' sont communes
à la partie supérieure et à la partie inférieure de la figure IV
bis, et par suite l'œil réduit et l'œil complet donneront, d'un
objet placé à la même distance, des images de même grandeur. *Les deux yeux sont donc équivalents.*

Nous n'avons ainsi à considérer dans l'œil réduit, comme
dans l'œil aphaque, que quatre points cardinaux : le *point focal antérieur* F^1, le *point principal* P qui se confond avec le
sommet de la surface réfringente, le *point nodal* N, centre
de courbure de la surface S et le *point focal postérieur* F^2.
Les plans élevés en ces points sur l'axe principal seront les
plans cardinaux de l'œil réduit.

D'après ce qui précède, les constantes optiques de l'œil réduit devraient donc être les suivantes : (n' air $= 1$).

n'' indice humeur aqueuse et corps vitré $=$ 1,33
R rayon de courbure de la surface S $=$ 5,5
Φ' longueur focale antérieure $= 3$ R $= 16,5$
Φ'' —   —   postérieure $= 4$ R $= 22$

D'où la relation connue : $\dfrac{\Phi''}{\Phi'} - \dfrac{22}{16,5} = \dfrac{4}{3} = \dfrac{1,33}{1} = \dfrac{n''}{n'}$.

Mais depuis trente ans les traités d'optique physiologique
ont adopté pour l'œil réduit les valeurs proposées par Donders, qui ont l'avantage d'être des chiffres ronds, et de faciliter les calculs. Les voici :

R $= 5^{mm}$; $\Phi' = 3$ R ou 15^{mm} et $\Phi'' = 4$ R ou 20^{mm}.

Ces valeurs sont trop faibles de $\dfrac{1}{10}$. L'erreur qui en résulte
est donc peu importante.

(1) Le signe (') de P' a été oublié par le dessinateur.

(1) *Valeur dioptrique de l'œil*. — Comme dioptre inéquifocal l'œil a deux puissances dioptriques, exprimées respectivement par les inverses de ses deux longueurs focales $\frac{1}{\Phi'}$ et $\frac{1}{\Phi''}$. Mais, *de ces deux puissances dioptriques l'une $\frac{1}{\Phi''}$ est purement virtuelle* et n'est réalisable qu'en expérimentant sur un œil artificiel, parce qu'alors seulement on peut faire arriver à l'œil (comme à une lentille placée dans l'air) la lumière à volonté dans les deux sens, d'avant en arrière et *d'arrière en avant*, ce dernier cas étant impossible sur l'œil réel. L'inverse de la première longueur focale $\frac{1}{\Phi'}$, exprime au contraire la véritable puissance dioptrique de l'œil, soit pour les images des objets extérieurs sur la rétine, soit pour les images ophtalmoscopiques.

Prenons en effet une lentille L¹ (fig. II) qui ait une longueur focale (F) égale à la distance N $f^2 = \Phi'' - R = \Phi'$. *Une telle lentille, dont la longueur focale F = Φ' première longueur focale de l'œil, donnera d'un objet placé à grande distance (5 mètres au moins) une image de même grandeur que l'œil*. Et comme la puissance dioptrique d'une lentille est l'inverse de sa longueur focale ou $\frac{1}{F}$, on aura de même pour expression de la valeur dioptrique de l'œil, l'inverse de sa longueur focale antérieure $\frac{1}{\Phi'}$.

Au contraire, une lentille qui aurait pour longueur focale F = $\Phi' + R = \Phi''$, deuxième longueur focale de l'œil (fig. II *bis*), donnerait de ce même objet une image $\frac{1}{3}$ plus grande que l'œil lui-même, car $\Phi'' = \frac{4}{3} \Phi'$. L'entrecroisement des axes secondaires qui vont de l'extrémité de l'objet à l'extrémité correspondante de l'image se ferait alors en effet à 15ᵐᵐ (= Φ') dans l'œil réduit de Donders (fig. I), et au contraire à 20ᵐᵐ (= Φ'') dans la lentille (fig. II *bis*).

Il reste bien entendu toutefois qu'on ne peut que comparer et non pas assimiler de tout point l'œil à une lentille ayant Φ' pour longueur focale, attendu que l'œil est un dioptre inéquifocal où $\Phi'' = \frac{4}{3} \Phi'$, et qu'une lentille est un dioptre équifocal où F' = F''. Si donc on fait F' = Φ', il n'en reste pas moins que le produit des longueurs focales inégales $\Phi' \Phi''$ de l'œil ne peut être égal au produit des longueurs focales égales F' F'' de la lentille, et par suite dans la formule des foyers conjugués $l\ l'' = \Phi' \Phi''$ (où l exprime la distance de l'objet au foyer antérieur f^1 de l'œil, et l'' la distance de l'image au foyer postérieur f^2, dans l'amétropie), l'' n'aura pas la même valeur avec le dioptre oculaire qu'avec la lentille ayant cependant pour longueur focale F = Φ'. Mais pour l'objet placé à 5 mètres au moins l'image est censée se faire dans le plan du foyer postérieur f^2, et, *dans ce cas spécial où $l'' = 0$ (emmétropie), l'œil et la lentille ayant pour longueur focale F = Φ' donneront de l'objet deux images de même grandeur*.

C'est dans ce sens qu'on peut dire que l'œil a pour expression de sa puissance dioptrique l'inverse de sa première longueur focale 1/Φ', soit en dioptries 1000/16,5 = 60 D. 6, ou avec l'œil réduit de Donders qui est, nous l'avons vu, de 1/10 trop fort : 1000/15 = 66 D. 6.

Par contre, on voit par les figures III et IV que si la lumière vient d'ar-

rière en avant (condition réalisable seulement avec l'œil artificiel) la lentille qui donnerait d'un objet placé à grande distance une image de même grandeur que celle de l'œil doit avoir pour longueur focale $F = \Phi' + R = \Phi''$. C'est dans ce cas spécial que la puissance dioptrique de l'œil a pour expression $1/\Phi''$.

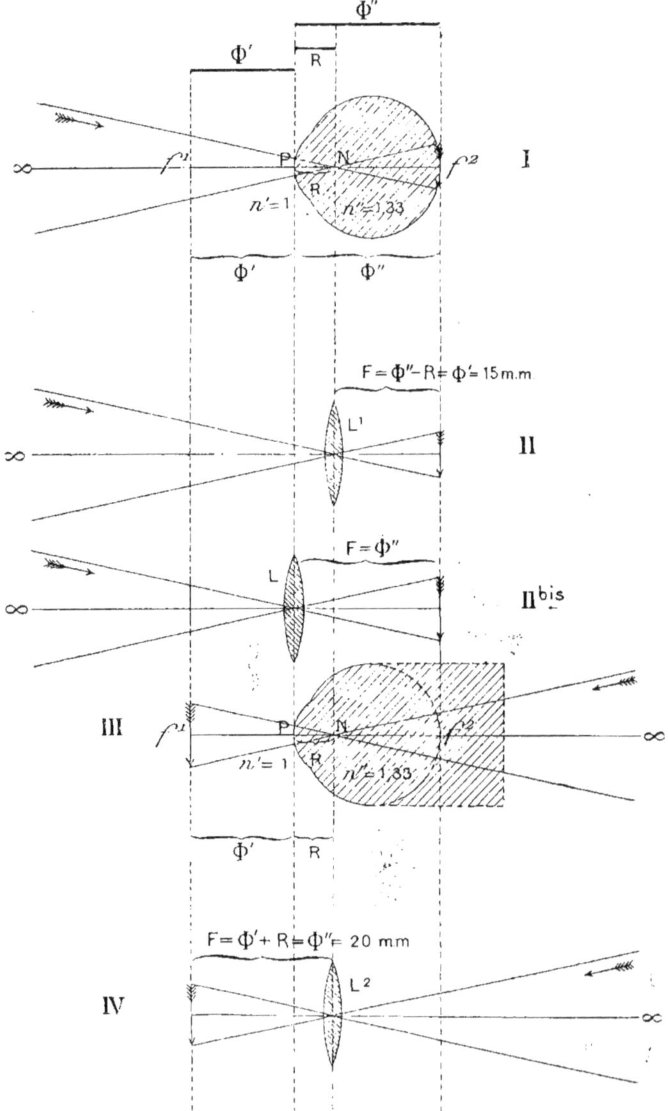

On voit donc que cette seconde puissance dioptrique $1/\Phi''$ du dioptre iné-quifocal oculaire est purement virtuelle ; par suite l'inverse de la première longueur focale $1/\Phi'$ représente la vraie puissance dioptrique de l'œil, car c'est la seule qu'il utilise.

De même la puissance dioptrique de la cornée aura pour expression l'inverse de sa première longueur focale ou $1/\varphi'$. Exemple : Quelles sont les puissances dioptriques π^1 et π^2 de deux cornées (ou de deux méridiens principaux d'un œil astigmique) ayant respectivement pour rayons de courbure 7 et 8^{mm} à l'ophtalmomètre.

Nous savons que $\varphi' = 3$ R. Nous aurons donc :

1º $\varphi' = 3 \times 7 = 21$; d'où $\pi^1 = 1000/21 = 47{,}6$;
2º $\varphi' = 3 \times 8 = 24$; d'où $\pi^2 = 1000/24 = 41{,}6$.

La différence de puissance dioptrique de ces deux cornées (ou de ces deux méridiens principaux) est donc de 6 D.

(2) *Défauts de l'œil au point de vue optique.* — Quelle que soit la méthode objective d'optométrie employée (ophtalmoscope ou ophtalmomètre), la connaissance des causes de réfraction défectueuse dans l'œil est nécessaire. Je ne fais ici que les énumérer :

1º Une asymétrie de courbure des 3 surfaces réfringentes (cornée et cristallin).

2º Un centrage imparfait des surfaces réfringentes, l'axe principal du cristallin étant oblique par rapport à celui de la cornée ;

3º Une aberration de sphéricité, légère du reste, car elle est en grande partie corrigée : *a*) par le diaphragme irien ; *b*) par la forme ellipsoïdale de la cornée et des 2 surfaces du cristallin ; *c*) par la différence d'indice de réfraction des diverses couches du cristallin, indice qui va en diminuant du centre à la périphérie ;

4º Un certain degré d'aberration chromatique. Le pouvoir dispersif de l'œil pour la lumière blanche est relativement faible (= 1, 50 D. environ), c'est-à-dire que si l'œil est E pour les rayons rouges, il est M de 1,50 pour les rayons violets :

5º Peut-être aussi faut-il mentionner ce fait que, par suite de la non-coïncidence de la ligne visuelle avec l'axe optique, la vision ne se fait pas suivant l'axe principal de l'œil, mais suivant un axe secondaire, qui diffère du précédent de 5º en moyenne chez l'E, et parfois de 10 à 11º chez l'H.

6º L'œil enfin pas plus que les lentilles n'échappe à l'astigmie d'incidence, et les rayons qui pénètrent dans l'œil sous une obliquité supérieure à 15º y donnent lieu à une réfraction astigmique. Cette astigmie d'incidence est toujours mixte, chez l'E. du moins, avec prédominance du méridien M sur le méridien H, et elle est d'autant plus forte que l'incidence est plus oblique (fig. 14). Il faut prendre garde d'oublier ce fait quand on examine un malade par la skiascopie.

La rétine entière n'est donc pas une surface focale ; mais il n'en est pas moins vrai, qu'au point de vue de la périscopie, l'œil a une supériorité manifeste sur tout instrument d'optique.

Young, en 1801, calcula et figura par un dessin l'As. d'incidence (Voir la trad. franç. de ses *Œuvres ophtalm.* par Tscherning, p. 146).

De mon côté, j'ai publié dans le *Recueil d'opht.*, en 1882, un mémoire intitulé : « *Comment sont réfractés les rayons qui pénètrent obliquement dans l'œil* », mémoire dans lequel je citais les publications suivantes, afférentes au même sujet :

Hermann : *Ueber schiefen Durchgang von Strahlenbündeln durch Linsen und über eine darauf bezugliche Eigenschaft der Krystallinse.* Zurich, 1874.

Peschel : *Ueber den Astigmatismus des indirecten Sehens.* Archiv. für Physiologie, XVIII, p. 504.

Schoen : *Ueber schief in die Linse einfallenden Strahlen.* V. Græfe's Archiv. f. Ophth., XXIV, p. 93.

Schoen : *Bemerkungen über die Dioptrik der Krystallinse und die Periscopie des Auges.*

Matthiesen : *Ueber die geometrische Gestalt der theoretischen Retina des periscopischen shematischen Auges.* V. Græfe's Archiv. für Ophth. XXV, 4, p. 257.

J'ajoutais : « Parmi ces travaux, les uns sont théoriques, les autres sont « expérimentaux, mais tous concourent à établir que, pour l'œil, comme pour « les lentilles, la réfraction des rayons obliques est astigmique et l'est d'au-« tant plus que l'angle d'incidence est plus grand.

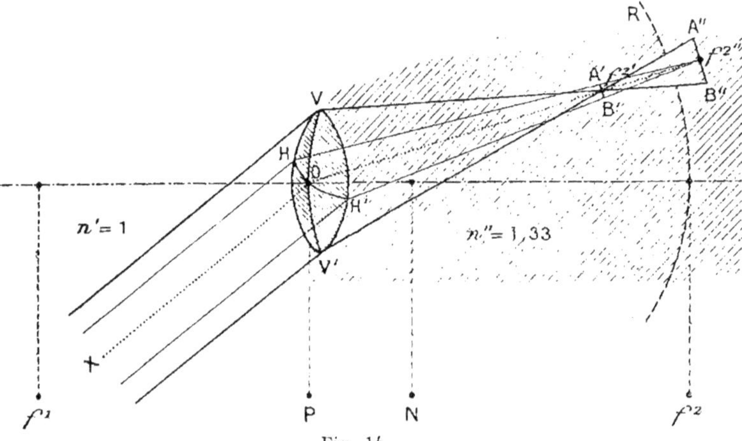

Fig. 14.

« Les expériences des auteurs précités ont été surtout exécutées avec des « cristallins d'animaux ; c'est donc une voie indirecte qui ne peut donner « que des résultats approximatifs.

« Pour résoudre la question d'une façon plus exacte, j'ai eu recours au « procédé objectif d'optométrie dit de Cuignet, et j'ai déterminé pour des « angles de 15, 20, 30, 45° le degré correspondant d'As. ».

Je ne donnerai pas ici à nouveau les valeurs trouvées. mais seulement les conclusions qui terminaient ce mémoire de 1882.

« 1° Pour l'œil, comme pour les lentilles, les rayons obliques réfractés don-« nent lieu à de l'astigmie ; »

« 2° L'astigmie est proportionnellement beaucoup moindre pour l'œil que « pour les lentilles, à égalité d'angle d'incidence des rayons ; »

« 3° L'astigmie augmente avec l'angle d'incidence des rayons et prend la « forme d'astigmie mixte, avec cette particularité que l'amétropie est plus con-« sidérable dans le méridien myope que dans celui hypermétrope » (fig. 14).

Je suis donc le premier à avoir mesuré objectivement l'As. d'incidence dans l'œil humain.

CONSTRUCTION DES IMAGES DANS L'ŒIL ET LOI DES FOYERS CONJU-
GUÉS. — La relation qui existe entre l'image et l'objet, foyers
conjugués par rapport au dioptre oculaire, peut être expri-
mée par trois formules différentes suivant que les valeurs
sont comptées des trois points cardinaux suivants : point nodal N, point principal P, point focal antérieur f'. Si elles sont
comptées de ce dernier point (f') on peut utiliser pour l'œil
la formule $l\,l'' = F^2$, déjà proposée par Newton pour les
miroirs et les lentilles. En effet, si l' représente la distance
de l'objet au foyer unique du miroir, ou au foyer antérieur
de la lentille, ou à celui de l'œil, et l'' la distance de l'image au
foyer unique du miroir, ou au foyer postérieur de la lentille,
ou au foyer postérieur de l'œil, nous avons successivement :

$$\textit{Miroir (dioptre unifocal)}\quad l\,l'' = F \times F\ ;\qquad\qquad l\,l'' = F^2\,;\ l'' = \frac{F^2}{l'}$$

$$\textit{Lentille (dioptre équifocal)}\ \ l\,l'' = F' \times F''\,;\ (F' = F'')\,;\ l\,l'' = F^2\,;\ l'' = \frac{F^2}{l'}$$

$$\textit{Œil (dioptre inéquifocal)}\ \ l\,l'' = \Phi' \times \Phi''\,;\ (\Phi'' = 4/3\ \Phi')\,;\qquad l'' = \frac{\Phi\,\Phi}{l'}$$

Donc la formule des foyers conjugués est identique pour
les miroirs et les lentilles, et celle qui régit les foyers conjugués dans l'œil lui est analogue.

Quant à la grandeur de l'image, elle est donnée par la formule suivante pour le miroir et la lentille :

$$\frac{I}{O} = \frac{F}{l'}\ ;\ \text{et pour l'œil}\ \frac{I}{O} = \frac{\Phi'}{l'}.$$

Si nous considérons la position et la grandeur de l'image
nous trouverons quatre cas principaux (fig. 15, 16. 17).

$$1^\circ\ l' > F \text{ ou } \Phi'\,;\ l'' < l'\ \text{et } I^1 < O^1$$
$$2^\circ\ l' = F \text{ ou } \Phi'\,;\ l'' = l'\ \text{et } I^2 = O^2$$
$$3^\circ\ l' < F \text{ ou } \Phi'\,;\ l'' > l'\ \text{et } I^3 > O^3$$
$$4^\circ\ l' = 0\qquad\ ;\ l'' = \infty\ \text{et } I^4 = \infty$$

Dans les figures 15, 16, 17 les trois cas 1°, 2°, 4°, sont seuls
représentés ; le 3° cas ($l' < F$) ne l'a pas été afin de ne pas
trop charger le dessin. Miroir concave et lentille convexe
y sont supposés avoir la même longueur focale que la longueur focale antérieure de l'œil Φ'.

Pour le miroir concave et la lentille convexe la position
des images est symétrique par rapport au plan de réflexion ou

de réfraction, et leur grandeur identique, ainsi qu'on peut le
voir par la figure 15 où les images sont rabattues de l'autre
côté du miroir et ont la même grandeur que dans la fig. 16.

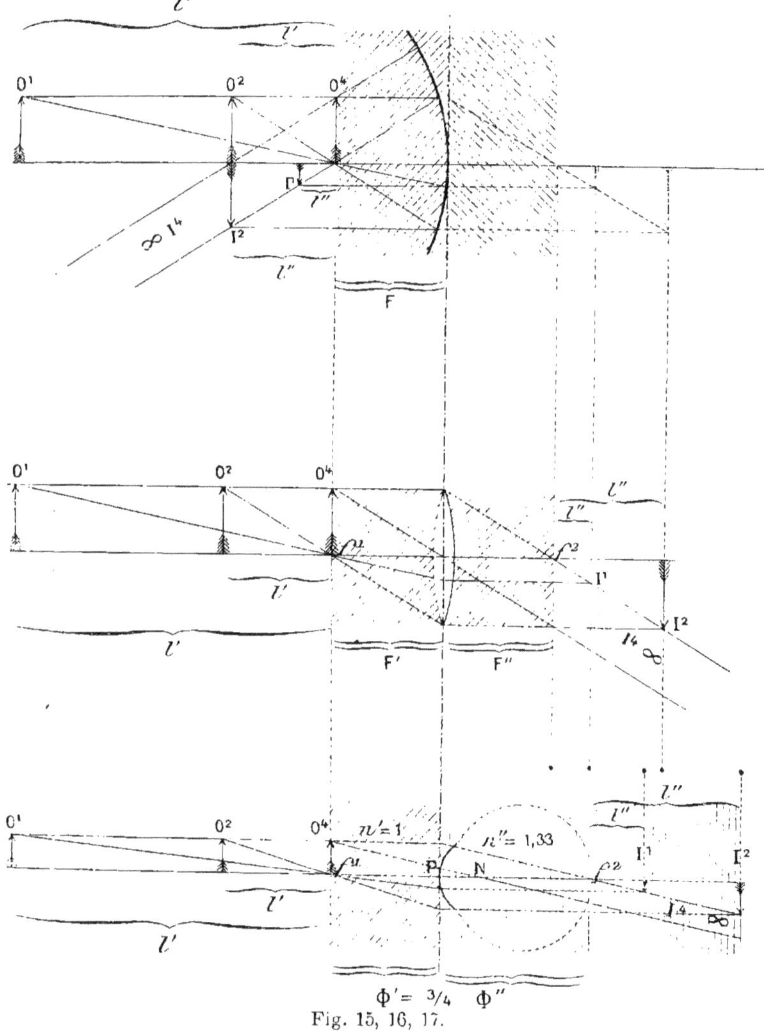

Fig. 15, 16, 17.

Dans l'œil (si l'on tient compte de la grandeur différente
de l'objet, figuré plus petit pour la commodité du dessin), la
grandeur des images est identique à celle des images de la

lentille convexe (si $\Phi' = F$), mais leur emplacement est différent ; l'image est plus en arrière du foyer postérieur qu'avec la lentille.

Emmétropie et amétropie. — On appelle *remotum* (R) le point le plus éloigné pour lequel l'œil est adapté à l'état de repos. C'est donc *le foyer conjugué de la fovea centralis, par rapport au dioptre oculaire*. Par suite, suivant que la rétine coïncidera ou non avec le foyer postérieur f^2 de ce dioptre nous aurons trois types d'yeux.

1º Rétine en f^2 : *Emmétropie* (E) $=$ Remotum à l'infini ; œil adapté pour les rayons parallèles.

2º Rétine en deçà de f^2 : *Hypermétropie* (H) $=$ Remotum négatif, à une distance finie en arrière de l'œil, qui est adapté pour les rayons convergents.

3º Rétine au delà de f^2 : *Hypométropie* ou *myopie* (M) $=$ Remotum positif, à une distance finie en avant de l'œil, qui est adapté pour les rayons divergents.

Les types 2 et 3 sont dits *amétropes*. On divisera en outre l'amétropie en *axile*, de *courbure*, *d'indice*, suivant que l'axe optique, les rayons des surfaces, ou les indices des milieux seront en excès ou en défaut sur les valeurs moyennes. Les amétropies de courbure et d'indice sont de véritables anomalies de réfringence ; par contre, l'amétropie axile n'est qu'une anomalie de position de la rétine, car tous les amétropes axiles ont la même puissance dioptrique que l'E.

Mesure de l'amétropie. — L'amétropie a pour expression l'inverse de la distance du remotum, soit $+ \dfrac{1}{R}$ pour la M. et $- \dfrac{1}{R}$ pour l'H.

Pour calculer une distance il faut deux points fixes : l'un de ces points est nécessairement le remotum ou foyer conjugué de la rétine, mais le *second est arbitraire, et on peut prendre l'un quelconque des points cardinaux de l'œil*. En effet, comme second point, Donders a pris le point nodal (et $\dfrac{1}{R}$ exprime alors la distance du remotum au point nodal), Nagel le point principal qui est au sommet de la cornée de l'œil réduit, et à $1^{mm}7$ en arrière de la cornée de l'œil réel, et Giraud-Teulon le point focal antérieur f^1. C'est cette dernière manière de compter l'amétropie qu'il serait avantageux d'adopter d'une façon générale. On obtient ainsi un double avantage :

1° La mesure de l'amétropie s'identifie avec la valeur du verre correcteur employé ($R = F^c$), c'est-à-dire que la distance du remotum positif ou négatif $\pm R$ est égale à la longueur focale $\pm F$ du correcteur concave ou convexe.

2° L'augmentation ou la diminution d'axe, dans la M ou l'H axile, est indiquée de suite par le degré de l'amétropie, à raison de $\pm 0,3^{mm}$ par chaque dioptrie par application de la formule déjà donnée $l'' = \dfrac{\Phi'\Phi''}{l'}$. En effet, si au lieu de donner à l' (distance de l'objet au foyer antérieur f^1 de l'œil) une valeur quelconque, nous lui donnons successivement 1 mètre, $\dfrac{1}{2}, \dfrac{1}{3}, \dfrac{1}{4}, \dfrac{1}{5}, \dfrac{1}{10}, \dfrac{1}{20}$ nous aurons pour l'' (distance de l'image au foyer postérieur f^2 de l'œil), les valeurs correspondantes suivantes :

$$\pm l' = 1 \text{ m. ou } 1000^{mm} = 1^d; \text{ alors } \pm l'' = \frac{\Phi'\Phi''}{l'} = \frac{15\times20}{l'} = \frac{300}{1000} = \pm 0^{mm}3$$

$l' = \dfrac{1}{2}$	500^{mm}	2^d	»	$l'' = \dfrac{300}{500} = 0^{mm}6$
$l' = \dfrac{1}{3}$	333^{mm}	3^d	»	$l'' = \dfrac{300}{333} = 0^{mm}9$
$l' = \dfrac{1}{4}$	250^{mm}	4^d	»	$l'' = \dfrac{300}{250} = 1^{mm}2$
$l' = \dfrac{1}{5}$	200^{mm}	5^d	»	$l'' = \dfrac{300}{200} = 1^{mm}5$
$l' = \dfrac{1}{10}$	100^{mm}	10^d	»	$l'' = \dfrac{300}{100} = 3^{mm}$
$l' = \dfrac{1}{20}$	50^{mm}	20^d	»	$l'' = \dfrac{300}{50} = 6^{mm}$

et d'une façon générale pour l'œil amétrope axile chaque dioptrie équivaut à un allongement d'axe (M), ou à une diminution d'axe (H) de 0^{mm}, 3 si l'amétropie est comptée du foyer antérieur de l'œil complet. Les valeurs de l'' sont ici données pour l'œil réduit de Donders. Comme elles sont trop faibles de $\dfrac{1}{10}$ environ, on ne s'écartera guère de la vérité en admettant que, dans l'œil réel amétrope axile, 3^d en plus ou en moins de réfraction équivalent à un allongement ou à un raccourcissement d'axe de 1^{mm}, et par suite 21^d de myopie à un allongement d'axe de 7^{mm}. L'œil antérieurement M. de 21^d sera donc sensiblement E. après l'extraction du cristallin, si le rayon de courbure de sa cornée est $7^{mm}7$. En effet, nous avons d'un côté la longueur focale de l'œil aphaque :

$$\varphi'' = \frac{n'' \, R}{n'' - n'} = \frac{1,33 \times 7,7}{1,33 - 1} = 30,8,$$

et d'un autre côté l'axe optique de l'œil complet A $= 23.7$. La différence entre φ'' et A $= 30,8 - 23,7 = 7,1^{mm}$. A raison de 3^d par millimètre cela fera 21^d de myopie pour un œil qui aura un excès d'axe optique de 7^{mm} et par suite un axe optique égal à la deuxième longueur focale φ'' de l'œil aphaque. Par conséquent, si, selon le conseil de Fukala, on enlève le cristallin transparent d'un œil semblable, il devient E.

Comme chez l'amétrope le centre optique du correcteur est supposé coïncider avec le foyer antérieur f' de l'œil, on voit qu'en définitive la distance du remotum R $= l' = $ F du correcteur, et la formule $l'' = \dfrac{\Phi'\Phi''}{l'}$ peut être changée en la suivante qui lui est équivalente : $l'' = \dfrac{\Phi'\Phi''}{F}$.

Les deux figures 17 et 18 montrent les trois manières de compter l'amétropie.

1° Du point nodal (*Donders*) $\quad g'' = \dfrac{g' \times G''}{\pm\, g' - G'}$.

2° Du point principal (*Nagel*) $\quad f'' = \dfrac{f' \times \Phi''}{\pm\, f' - \Phi'}$.

3° Du foyer antérieur (*Giraud-Teulon*) $l'' = \dfrac{\Phi' \times \Phi''}{\pm\, l'}$.

Cette dernière manière (n° 3) de compter l'amétropie est celle employée dans l'optométrie subjective ou $l' = $ F du correcteur placé en f'. Pour le M. et l'H. c'est donc la même formule, avec la seule différence que g', f' et l' sont négatifs $(-)$ chez l'H et positifs $(+)$ chez le M. (fig. 18 et 19).

On a aussi désigné sous le nom d'*amétropie absolue* (ou $A^a = g'$, fig. 18) celle qui est comptée du point nodal N, et d'*amétropie relative* (ou $A^r = l'$, fig. 18) celle qui est comptée du foyer antérieur f' de l'œil. Dans l'œil réduit la distance f' N $= 20^{mm}$, et comme le remotum R est en avant de l'œil chez

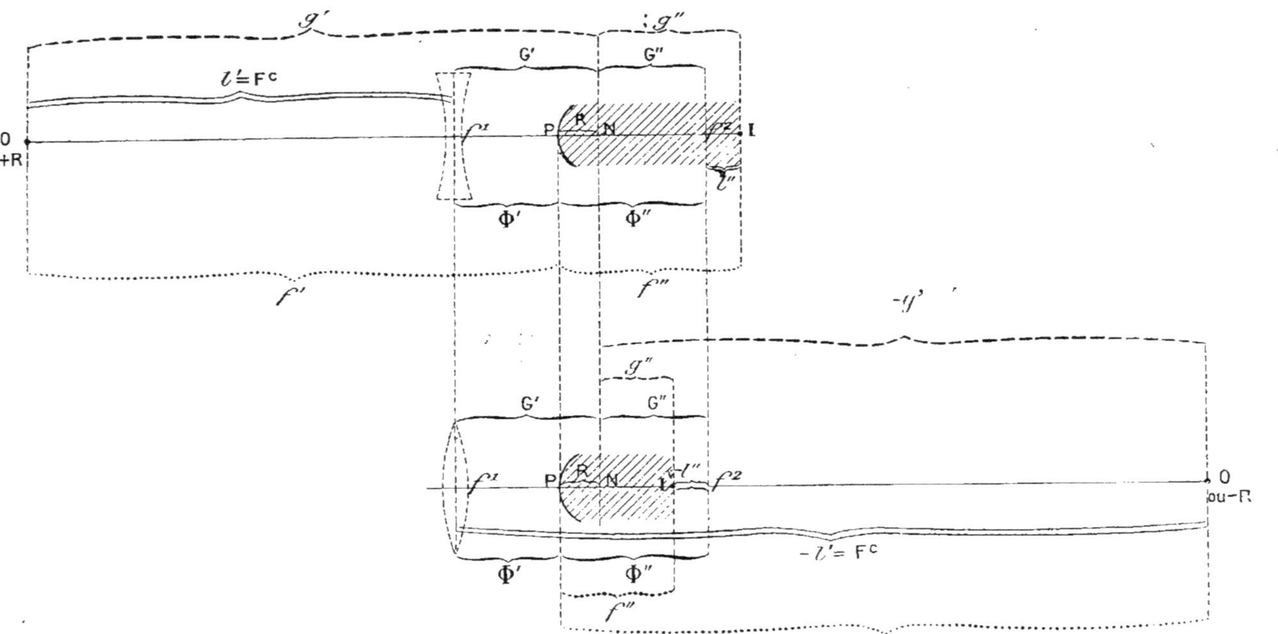

Fig. 18 et 19 montrant les 3 manières de compter l'amétropie : 1° du point nodal. $= g'$ (Donders) ; — 2° du point principal, $= f'$ (Nagel) ; — 3° du point focal antérieur, $= l'$ (Giraud-Teulon).

le M, en arrière chez l'H, il en résulte qu'à égalité de correcteur placé en f^1, ou d'amétropie relative, l'amétropie absolue est cependant bien différente. Exemple : soit deux yeux, l'un H. et l'autre M., corrigés par $+ 10^d$ et $- 10^d$ placés en f^1. Ils ont la même amétropie relative (A^r) et $l'a$ dans les deux yeux la même valeur; mais l'amétropie absolue qui a pour mesure g' (fig. 18) est très différente. Pour le M. de 10^d $g' = 100 + 20 = 120$, et pour l'H. de 10^d $g' = 100 - 20 = 80$, et par suite l'amétropie absolue est pour le M. $= \dfrac{1000}{120} = 8^d$

seulement, et pour l'H. $= \dfrac{1000}{80} = 12^d$, soit 4^d de différence pour ces deux yeux corrigés cependant par un verre de même puissance dioptrique placé à la même distance de l'œil, mais de signe contraire.

Amétropie de courbure. — En voici un exemple : Au lieu du rayon de courbure moyen de $7,7^{mm}$ la cornée a $6,7$; quelle est la différence dé puissance dioptrique ? Voyons d'abord quelle est pour chaque cornée la longueur focale antérieure φ'.

Pour $R = 7,7$ nous avons $\varphi' = 3\,R = 23,1$
Pour $R = 6,7$ » $\varphi' = 3\,R = 20,1$.

Et comme la puissance dioptrique π de la cornée est l'inverse de sa longueur focale antérieure, ou $\dfrac{1}{\varphi'}$, nous aurons :

Pour $R = 7,7$ $\pi = \dfrac{1}{\varphi'} = \dfrac{1000}{23,1} = 43^d3$

Pour $R = 6,7$ $\pi = \dfrac{1}{\varphi'} = \dfrac{1000}{20,1} = 50^d$ en chiffre rond.

C'est une différence de réfraction de près de 7 d., pour une diminution de 1^{mm} dans le rayon de courbure de la cornée.

Les surfaces du cristallin peuvent également occasionner de l'amétropie de courbure (myopie par spasme accommodatif).

Amétropie d'indice. — Elle dépend presque exclusivement du cristallin dont la densité change avec l'âge et avec la formation de la cataracte. Dans ce dernier cas l'amétropie d'indice se complique généralement d'une amétropie de courbure, soit que le gonflement des couches corticales au début de la cataracte fasse bomber le cristallin et raccourcisse les rayons de ses deux faces, soit aussi que l'imbibition aqueuse des couches périphériques diminue leur indice en laissant intact celui du noyau, d'où un cristallin plus réfringent. On sait en effet que le noyau est la partie du cristallin qui offre le maximum de courbure et de densité.

CONSTANTES OPTIQUES DE L'ŒIL AMÉTROPE CORRIGÉ.
GROSSISSEMENT DE SON IMAGE DROITE.

Précédemment pour le cristallin qui a deux surfaces réfringentes, et pour l'œil complet qui en a trois, nous avons considéré respectivement les deux points principaux, puis les deux points nodaux comme fusionnés en un seul. Cette simplification, qui n'entraîne aucune erreur sensible en raison du très faible intervalle qui sépare ces points deux à deux, soit dans le cristallin, soit dans l'œil complet, n'est plus admissible pour le dioptre composé qui résulte de la combinaison de l'œil avec une lentille placée en avant de lui. L'intervalle qui sépare alors les deux points nodaux de la résultante optique (l'œil et la lentille étant les deux composantes), peut être considérable ; il est d'autant plus fort que la lentille mise devant l'œil est plus forte, et qu'elle est placée plus loin de lui.

Mais si elle est placée dans le plan focal antérieur de l'œil (là où nous mettons nos verres de lunettes), on observe alors les particularités suivantes :

1° Les longueurs focales Φ' et Φ'' du système (œil et lentille) sont les mêmes que celles de l'œil considéré isolément.

2° Le point focal antérieur f^1 du système (œil et lentille) est le même que celui de l'œil seul ; c'est le point occupé par le centre optique de la lentille correctrice.

3° Le point focal postérieur f^2 du système (œil et lentille) est porté en avant (si le verre est convexe) et en arrière, si le verre est concave) du foyer postérieur de l'œil et d'une quantité égale à $\dfrac{\Phi'\Phi''}{F}$. Si le verre correcteur est 1^d (dont $F = 1000^{mm}$) on aura $\dfrac{\Phi'\Phi''}{F} = \dfrac{15 \times 20}{1000} = \pm\, 0,^{mm}3$, suivant que le verre est positif ou négatif. Si le correcteur est $\pm\, 5^d$ nous aurons pour l'avancement ou le recul du foyer postérieur f^2 :

$$l'' = \frac{\Phi'\Phi''}{F} = \frac{15 \times 20}{1000} = \pm 1^{mm}5, \text{ et ainsi de suite.}$$

4° La même quantité $\dfrac{\Phi'\Phi''}{F}$ mesure également le déplacement dans le même sens du 2e point principal et du 2e point nodal.

5° Les premiers points principal et nodal ne changent pas.

En résumé, *quand le verre sphérique correcteur est placé dans le plan focal antérieur de l'œil amétrope axile les points cardinaux antérieurs de l'œil f^1, p^1, n^1 ne changent pas de place, tandis que les points cardinaux postérieurs, p^2, n^2, f^2 sont portés en avant si le verre est convexe, en arrière si le verre est concave. La quantité de leur déplacement est égale au produit des deux longueurs focales de l'œil, divisé par la longueur focale de la lentille* $= \dfrac{\Phi'\Phi''}{F}$. Nous devons cette loi à Giraud-Teulon (1869).

Cela revient à dire que chez l'E et l'amétrope axile corrigé en f^1 la distance du 2e point nodal à la rétine, ou g'', a la même valeur : $g''^E = g''^M = g''^H$, et comme la grandeur des images des objets extérieurs dans l'œil est proportionnelle à la valeur de g'', on aura $I^M = I^E = I^H$.

Corollaire I. — Mais si le correcteur $\pm$ était placé à une distance de l'œil $D > \Phi'$, le second point nodal du M serait plus en arrière et celui de l'H plus en avant que celui de l'E, et on aurait $g''^H > g''^E > g''^M$, d'où pour les images rétiniennes des objets extérieurs $I^H > I^E > I^M$.

Corrolaire II. — Réciproquement si le correcteur était à une distance de l'œil $D < \Phi'$ on aurait $g''^H < g''^E < g''^M$ et $I^H < I^E < I^M$.

Appliquons maintenant cette loi de Giraud-Teulon et ses corollaires I et II aux images ophthalmoscopiques, et voyons quelles conséquences en résultent au point de vue de leur grossissement.

Grossissement des images ophthalmoscopiques
dans le procédé de l'image droite.

Dans le procédé d'examen, dit de l'image droite, les différences de grandeur de l'image rétinienne suivant que l'œil est E.M ou H, et les variations de grandeur de cette image pour un même œil amétrope suivant que l'observateur s'approche ou s'éloigne du point focal antérieur de l'œil observé, constituent autant de renseignements utiles. En voici l'explication :

Dans l'examen à l'image droite le dioptre oculaire fait office de loupe. La *longueur focale de cette loupe* est chez l'E égale à G''. distance du second point nodal au foyer postérieur f^2 de l'œil, et comme G'' $= \Phi'$, elle *est égale à la longueur focale antérieure de l'œil* Φ' (15^{mm} dans l'œil réduit).

Quand nous examinons à l'image droite nous voyons donc à travers une lentille d'un très court foyer, et par suite sous un fort grossissement. Celui-ci peut se définir : le rapport entre l'image que l'œil reçoit d'une partie de la rétine, la papille par exemple, placée à la distance moyenne de la vision distincte (D $= 8$ pouces ou 220^{mm} d'après Donders), et l'image qu'il reçoit de cette même papille à travers l'œil observé faisant office de loupe. Nous avons donc Gr $= \dfrac{D}{G''} = \dfrac{220}{15} = 14\ 2/3$. Ainsi quand on parle d'un grossissement de 14 fois à l'image droite cela veut dire que si le disque optique placé à 8 pouces ou 220^{mm} fait sur la rétine de l'observateur une image d'une grandeur $= 1$, le même disque optique observé à travers les milieux dioptriques d'un œil E, donnera une image 14 fois plus grande, qui permettra de voir des détails 14 fois plus petits que ceux visibles à l'œil nu. Tel est le grossissement pour l'œil E.

Quant au grossissement de l'œil amétrope il varie avec l'emplacement du correcteur. Si ce dernier est placé en f', la loi de Giraud-Teulon citée plus haut devient applicable et g'', distance du second point nodal à la rétine chez l'amétrope. devient égale à G'' qui exprime la même distance chez l'E: les trois types d'yeux (E.M.H) sont alors dioptriquement égaux et le grossissement est le même. Si donc on examine à l'ophthalmoscope des amétropes axiles en faisant coïncider le centre optique du correcteur avec f', on aura $g''^{M} = g''^{H} = g''^{E}$, et par suite $I^{M} = I^{H} = I^{E}$ (fig. 20, 21, 22). Ce résultat sera obtenu en plaçant le correcteur dans la lunette d'essai et le réflecteur un peu plus loin.

Mais avec l'ophthalmoscope à réfraction le correcteur se trouve toujours *au delà* de f^1 de l'observé. Dans ces conditions (nous l'avons vu plus haut par le corollaire 1 de la loi de Giraud-Teulon), les trois types d'yeux considérés deviennent dioptriquement inégaux : $G''^H > g''^E > g''^M$; et comme le grossissement à l'image droite est inversement proprotionnel à la valeur de g'' on a $I^M > I^E > I^H$ (fig. 23, 24, 25).

Indiquons maintenant le moyen de calculer pour chaque cas le grossissement quand le correcteur n'est pas en f^1 de l'observé. Je rappelle d'abord cette loi de la dioptrique oculaire : *dans tous les dioptres composés la distance du second point nodal au foyer postérieur est égale à la première longueur focale*, c'est-à-dire que $G'' = \Phi'$ (Voir fig. 18). Ceci posé, déterminons la valeur de Φ', et pour plus de simplicité servons-nous de l'œil réduit. Nous aurons pour la valeur de Φ'^A, première longueur focale de l'œil amétrope corrigé :

$$\Phi'^A = \frac{\Phi' F}{\Phi' + F - d},$$ formule dans laquelle Φ' représente la longueur focale antérieure de l'œil réduit ($= 15^{mm}$), F la longueur focale positive ou négative du correcteur, et d la distance qui sépare les deux dioptres (œil et lentille correctrice).

Supposons maintenant que deux yeux l'un H de 10^d et l'autre M de 10^d (l'amétropie étant comptée de f') soient corrigés par un verre de l'ophthalmoscope placé à 20^{mm} au delà de f^1, et par suite à 35^{mm} au delà du point principal de l'œil, (sommet de la cornée de l'œil réduit). L'œil H de 10^d sera alors corrigé par le verre $+ 8^d$ (car le remotum négatif est à $100 + 20 = 120^{mm}$ du verre), et l'œil M de 10^d sera corrigé par le verre de 12^d (car le remotum positif de ce M ne sera plus qu'à $100 - 20 = 80^{mm}$ du correcteur de l'ophthalmoscope et ce dernier devra avoir cette longueur focale. La longueur focale antérieure respective Φ'^A de ces deux yeux amétropes corrigés sera :

$$1° \text{ H de } 10^d \quad \Phi'^A = \frac{\Phi' F}{\Phi' + F - d} = \frac{15 \times 120}{15 + 120 - 35} = 18^{mm}.$$

    (F est positif)

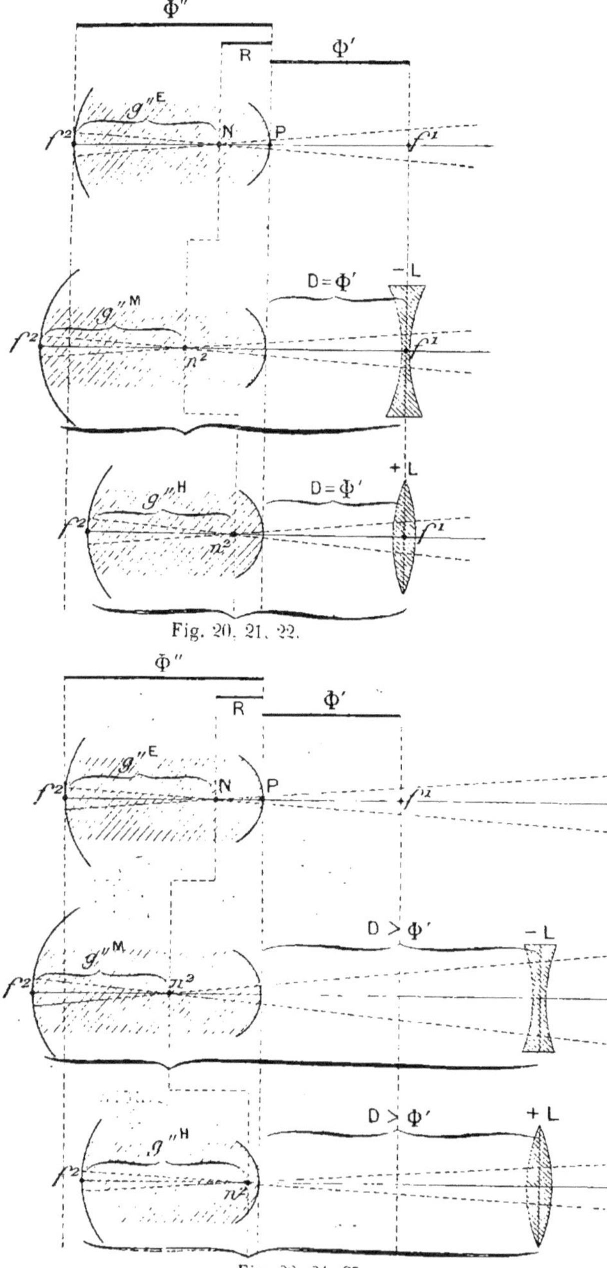

Fig. 20, 21, 22.

Fig. 23, 24, 25.

2° M de 10^d $\Phi'^A = \dfrac{\Phi' F}{\Phi' - F - d} = \dfrac{15 \times 80}{15 - 80 - 35} = 12^{mm}$.

(F est négatif)

Comme d'un côté le grossissement est égal à D/G'', et comme de l'autre dans tous les dioptres composés des amétropes corrigés, $g'' = \Phi'$ nous aurons pour le grossissement donné par chacun de ces deux yeux :

1° Œil H de 10 corrigé par $+ 8^d$ placé à 20^{mm} au delà de f'.

$$Gr = \frac{D}{g''^A} = \frac{D}{\Phi'^A} = \frac{220}{18} = 12\,^1/^4$$

g''^A et Φ'^A désignent ici les valeurs de G'' et de Φ' chez l'amétrope qui n'est pas corrigé en f'.

2° Œil M de 10^d corrigé par $- 12^d$ placé à 20^{mm} au delà de f'.

$$Gr = \frac{D}{g''^A} = \frac{D}{\Phi'^A} = \frac{220}{12} = 18\,^1/^3$$

On voit que le grossissement étant de 14 environ chez l'E, est de 12 pour l'H et de 18 pour le M considérés. Si on faisait $D = 300^{mm}$ (au lieu de 220), on aurait les grossissements suivants pour l'E et les deux amétropes considérés :

$$Gr^E. = \frac{300}{15} = 20 \;;\; Gr^M. = \frac{300}{12} = 25 \;;\; Gr^H. = \frac{300}{18} = 16.$$

Du deuxième exemple où l'on voit $g''^M < g''^E$, parce que la M. est corrigée par un concave placé au delà de f', découle la possibilité d'augmenter à volonté le grossissement de l'image droite. Théoriquement, en effet, celui-ci n'a pas de limite, attendu que nous pouvons toujours au moyen de lentilles raccourcir g''^A, ou son équivalent Φ'^A, et conséquemment augmenter la puissance dioptrique de l'œil.

Désire-t-on par exemple augmenter chez un E le grossissement de l'image droite ? Rien de plus simple. On le rendra M avec l'objectif $+ 10^d$ placé en f' et on l'examinera avec l'oculaire $- 20^d$ placé à 50^{mm} de l'objectif et par suite à 65^{mm} du 1er point principal du dioptre composé (œil et objectif $+ 10^d$). Le grossissement sera :

$$\Phi'^A = \frac{\Phi' F}{\Phi' + F - d} = \frac{15 \times 50}{15 - 50 - 65} = 7.5 \;;\; \text{d'où } Gr = \frac{220}{7.5} = 30.$$

Par cet artifice nous obtenons chez cet E, un grossissement de 30 au lieu de 14.

Nous verrons plus loin qu'à l'image renversée le grossissement est théoriquement aussi sans limite, et que pratiquement il peut atteindre 25 et 30 comme à l'image droite. Il suffit pour cela de faire varier les puissances dioptriques respectives de l'objectif et de l'oculaire.

Constantes optiques de l'œil aphaque amétrope et corrigé. Grossissement de son image droite.

Nous avons vu qu'au point de vue dioptrique l'œil aphaque diffère complètement de l'œil normal, car ses points cardinaux sont tout autres, et sa puissance dioptrique ($= 43^d$ avec $R = 7,7$) est très inférieure à celle de l'œil normal ($= 60,6$). A l'examen ophthalmoscopique ces deux yeux donneront donc des images de grandeur différente. Supposons d'abord que le correcteur de l'aphaque soit placé dans son plan focal antérieur f' (à $23,1^{mm}$ de la cornée). La loi de Giraud-Teulon, citée plus haut, devient alors applicable, et si 10^d ($F = 100^{mm}$) est le correcteur, nous aurons :

$$l'' = \frac{\varphi \varphi''}{F} = \frac{23,1 \times 30,8}{100} = 7.1 \text{ mm.}$$

c'est-à-dire que les trois points cardinaux postérieurs φ^2, n^2, f^2 de l'aphaque corrigé sont de 7^{mm}, 1 en avant de P, N, f^2 de l'aphaque non corrigé. Le 2e point focal f^2 coïncide alors avec la rétine, car φ'' ou $30,8 - 7.1 = 23,7^{mm}$, c'est-à-dire la longueur de l'axe optique que nous avons donné à l'E. Quand à n^2, *il est près de la cornée* (seulement 0^{mm}, 6 en arrière). Le rapport des grandeurs des images rétiniennes dans les deux yeux aphaque et normal nous est alors donné par le rapport de leurs longueurs focales antérieures :

$$\frac{1 \text{ (œil aphaque)}}{1 \text{ (œil normal)}} = \frac{\varphi'}{\Phi'} = \frac{23,1}{15}$$

$$\text{ou en chiffres ronds} = \frac{\varphi'}{\Phi'} = \frac{24}{16} = \frac{3}{2}$$

c'est-à-dire que pour les objets extérieurs la grandeur de l'image rétinienne de l'aphaque (antérieurement E) est les 3/2 de celle de l'œil normal, mais qu'inversement l'image ophthalmoscopique droite de cet aphaque atteint les 2/3 seulement de celle de l'œil normal, *si le correcteur est placé en f^1 de l'aphaque.*

Mais au lieu du verre + 10 placé en f^1 (qui est à $23,1^{mm}$ en avant de la cornée), nous pouvons corriger ce même hyperope aphaque avec les verres + 11 ou + 12 placés respectivement à 13^{mm} ou à 6^{mm} devant la cornée. Nous aurons alors des emplacements différents des points cardinaux, sauf pour le point focal postérieur f^2 qui doit nécessairement coïncider avec la rétine ; mais ce qu'il importe de retenir au point de vue pratique c'est que, dans ces deux cas également, le 2° point nodal de l'aphaque corrigé est encore très en avant du point nodal de l'œil normal, quoique à la vérité moins en avant que si la correction de l'aphakie est faite avec un verre plus faible placé à une distance plus grande, en f^1 par exemple. Dans ces deux cas encore l'aphaque aura des objets extérieurs une image plus grande que l'œil normal ; et inversement nous aurons de son disque optique une image ophthalmoscopique droite plus petite avec le verre + 11^d placé à 13^{mm} en avant de la cornée ; l'image subjective de l'aphaque sera à peu près les 4/3 et son image ophthalmoscopique droite les 3/4 de celle de l'œil normal.

En résumé, *l'aphaque antérieurement emmétrope*, donnera à l'image droite un grossissement qui sera les 3/4 de celui de l'œil normal si le correcteur + 11^d est à 13^{mm} de la cornée, et les 2/3 de celui de l'œil normal si le correcteur + 10^d est en f^1 de l'aphaque (à 23^{mm} de la cornée, avec R = 7,7). Mais le correcteur de l'ophthalmoscope, étant toujours éloigné de la cornée de plus de 23^{mm}, devra être de force moindre (9 ou 8^d selon l'éloignement de l'ophtalmoscope), et le grossissement de l'image droite de l'aphaque ainsi corrigé s'abaissera à 3/5 environ de celui de l'œil normal.

La formule pour trouver le grossissement dans chaque cas d'aphakie corrigée avec un verre de foyer F, et à une distance d comptée du point principal P de l'aphaque est d'ailleurs semblable à celle qui nous a servi pour l'œil complet, car dans l'un et l'autre cas il s'agit de dioptres composés, ne différant que par leurs longueurs focales. Nous aurons donc :

$$Gr = \frac{D}{g''^a} = \frac{D}{\varphi'^a} \; ; \; \text{et} \; \varphi'^a = \frac{\varphi' \times F}{\varphi' + F - d}$$

g''^a et φ'^a désignant ici respectivement la distance du 2e point nodal à la rétine et la première longueur focale antérieure chez l'aphaque amétrope et corrigé avec un verre non placé en f'.

Exemple : Quel est le grossissement de l'image droite chez un aphaque antérieurement E et corrigé avec $+ 8^d$ $(F = 125^{mm})$ placé à 20^{mm} au delà de f' de cet aphaque, et par suite à $20 + 23,1 = 43^{mm}$ de son point principal. Nous aurons :

$$\varphi'^a = \frac{\varphi' \times F}{\varphi' + F - d} = \frac{23,1 \times 125}{23,1 + 125 - 43} = 27,5 \text{ mm.}$$

$$\text{d'où } Gr = \frac{D}{\varphi'^a} = \frac{220}{27.5} = 8$$

8 seulement au lieu de 14 2/3 avec l'œil complet E.

Astigmie (As). — Dans l'œil E. les trois surfaces réfringentes sont considérées comme des calottes de sphère, du moins dans l'aire correspondante à la pupille, car si on les envisage dans toute leur étendue il en va autrement, comme nous verrons au § kératométric. Mais dans l'œil astigmique une des trois surfaces au moins de l'œil a la forme d'une calotte d'ellipsoïde à trois axes inégaux, par exemple : l'antéro-postérieur, le vertical et l'horizontal. Dans l'exemple choisi, les méridiens vertical et horizontal représentent ceux à *maximum* et à *minimum* de courbure et sont dits méridiens principaux. En fait, ces deux méridiens principaux doivent être considérés au point de vue dioptrique comme deux yeux différents à axes croisés, chacun ayant ses six points cardinaux, au total douze points cardinaux, occupant tous un emplacement différent sur l'axe principal commun, ou seulement huit points cardinaux s'il s'agit de l'œil réduit astigmate (deux points focaux antérieurs et deux postérieurs, deux points nodaux et deux points principaux ; ces deux derniers coïncidant au sommet de l'unique surface réfringente et formant en réalité un seul point principal, commun aux deux dioptres à axes croisés).

Young en 1801 (1), et plus encore Sturm, professeur à l'é-
cole polytechnique de Paris en 1845, nous ont appris comment la réfraction de la lumière s'opère dans un tel œil :

Les rayons passant par les deux méridiens principaux se
croisent en se rencontrant sur l'axe principal ; ils sont réfractés comme par une surface sphérique, et les deux méridiens
principaux ont chacun leur foyer postérieur, que nous appel-
lerons $f^{2'}$ et $f^{2''}$; l'intervalle qui les sépare est dit *intervalle
focal*. (*Voir fig. 26.*)

Il n'en est plus de même des rayons passant par les méridiens obliques. En effet, dans tout méridien oblique d'une
calotte d'ellipsoïde triaxial les normales à la surface, aux
points d'incidence des rayons, ne se trouvent plus dans le
même plan (ainsi que cela a lieu avec les calottes de sphère
ou d'ellipsoïde biaxial), et par suite les rayons qui à l'incidence étaient dans le même plan seront après réfraction dans
des plans différents. N'étant plus dans le même plan ils ne
pourront plus que *se croiser sans se rencontrer*, les uns passant au-dessus de l'axe principal, les autres en dessous. Les
rayons réfractés par un méridien oblique ne sont donc nulle
part réunis en foyer.

Dans ces conditions, l'image d'un point lumineux est une
droite lumineuse aux deux extrémités de l'intervalle focal,
et cette droite est horizontale dans le plan du foyer du méridien vertical, et verticale dans le plan du foyer du méridien
horizontal : en outre l'image constamment diffuse du point
lumineux devient un cercle dans un plan de l'intervalle focal, là où la diffusion du point lumineux est égale dans les
deux méridiens principaux. La position précise de ce plan est
donnée par les deux lois suivantes :

1° *Les longueurs des lignes focales $\alpha^1\beta^1$ et $\alpha^2\beta^2$ sont entre elles
comme les longueurs focales postérieures Φ^1 et Φ^2 des deux méridiens principaux :*

$$\frac{\alpha^1\,\beta^1}{\alpha^2\,\beta^2} = \frac{\Phi^{'1}}{\Phi^{'2}}$$

---

(1) Voir les *Œuvres ophtalmologiques de Young*, traduction française de
Tscherning, p. 141.

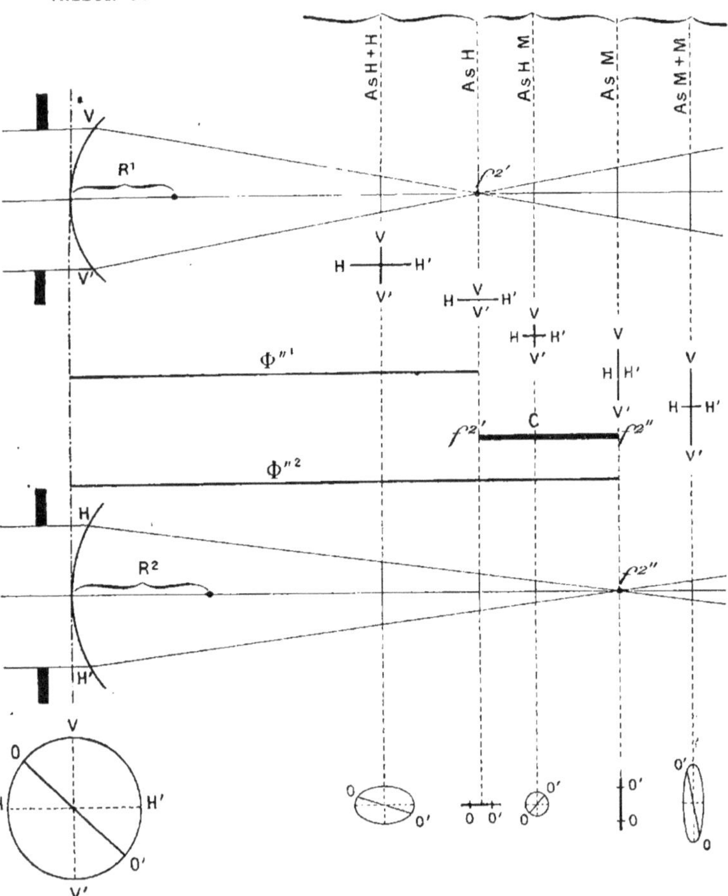

Légende de la fig. 26 : V V' et H H' méridiens principaux : R¹ et R² leurs rayons de courbure : $f^{2'}$ et $f^{2''}$ leurs foyers postérieurs ; Φ"¹ et Φ"² leurs longueurs focales postérieures respectives ; Φ"² — Φ"¹ = la ligne $f^{2'} f^{2''}$ ou l'intervalle focal ; c est le point de l'intervalle focal où l'image de diffusion du point lumineux est circulaire ; il est toujours plus près de $f^{2'}$ que de $f^{2''}$.

Au milieu de la figure les lignes VV' et HH' représentent les sections respectives pour chaque méridien principal dans un plan déterminé. Dans le plan qui passe par $f^{2'}$ on voit que VV' est un point, et de même HH' est un point dans le plan qui passe par $f^{2''}$.

La partie inférieure de la figure montre comment varie la forme de l'image diffuse du point lumineux. Elle montre en outre pour les deux rayons O et O' du méridien oblique 45° leur position respective dans les 6 projections. O et O' ne se rencontrent en aucun point sur l'axe principal, et aux deux extrémités de leur trajet leurs positions respectives sont interverties ; O' qui était d'abord en bas et à droite se trouve en haut et à gauche dans la dernière ellipse. Deux petits traits indiquent les positions de O et de O' dans les deux droites focales horizontale et verticale. C'est ce qui donne à un faisceau de rayons réfractés par un méridien oblique un aspect hélicoïdal.

Le haut de la figure indique la classification de l'As. qui a pour base la position de la rétine par rapport aux points focaux postérieurs $f^{2'}$ et $f^{2''}$ des deux méridiens principaux.

La première ligne focale est donc toujours plus courte que la seconde.

2° *Les distances δ' et δ'' du centre du cercle de l'intervalle focal aux points focaux postérieurs respectifs $f^{2'}$ $f^{2''}$ des deux méridiens principaux sont entre elles dans le même rapport que les lignes focales $\alpha^1 \beta^1$ et $\alpha^2 \beta^2$.*

$$\frac{\delta'}{\delta''} = \frac{\alpha^1 \beta^1}{\alpha^2 \beta^2}$$

Par conséquent le cercle n'est pas au milieu de l'intervalle focal ; il est toujours plus près de la première ligne focale que de la seconde, et d'autant plus près que l'As. est plus forte.

En résumé, dans l'œil As, l'image d'un point lumineux n'est jamais un point (d'où le nom : α, στίγμή, proposé par G. Martin), c'est toujours une *tache de diffusion* dont la forme varie suivant la position de la rétine : c'est une droite aux deux extrémités ($f^{2'}$ et $f^{2''}$) de l'intervalle focal ; en un point de ce dernier, plus près de $f^{2'}$ que de $f^{2''}$, c'est un cercle, partout ailleurs c'est une ellipse dont le grand axe correspond au méridien qui est le plus mal adapté au point fixé.

Suivant la position de la rétine (R) par rapport aux foyers postérieurs $f^{2'}$ et $f^{2''}$ des deux méridiens principaux on aura les variétés suivantes d'As.

1° R en avant de $f^{2'}$ et $f^{2''}$:   As Hyperm. composée As H. + H.
2° R coïncide avec $f^{2'}$:   As Hyperm. simple As H.
3° R entre $f^{2'}$ et $f^{2''}$:   As mixte As H M ou As M H.
4° R coïncide avec $f^{2''}$:   As Myopique simple As M.
5° R en arrière de $f^{2'}$ et $f^{2''}$:   As Myopique composée As M + M.

Nous avons vu que si la rétine est en $f^{2'}$ ou $f^{2''}$ l'image de chaque point lumineux est une droite lumineuse parallèle à l'un des deux méridiens principaux ; dans ces conditions un objet éclairé, qu'on peut considérer comme composé d'un nombre infini de points lumineux, donnera un nombre infini de petites taches diffuses linéaires toutes parallèles au méridien non adapté. Ceci posé, une ligne droite pour être vue nettement doit être comprise dans le plan de l'un des deux méridiens principaux. C'est ainsi qu'une droite, située dans le plan du méridien à maximum de courbure sera vue nettement sur ses bords si la rétine est au foyer du méridien à minimum de courbure, et réciproquement. Par exemple la ligne de midi à 6 h. (verticale) sur un cadran horaire sera vue nettement sur ses bords latéral gauche et latéral droit si le méridien horizontal de l'œil As. a son foyer postérieur sur la rétine. Quant aux extrémités supérieure et inférieure de la ligne elles présenteront un certain degré de diffusion en rapport avec l'amétropie du méridien vertical. Celui-ci, en effet, n'étant pas adapté, donne de chaque point de l'objet une tache de diffusion qui a la forme d'une petite ligne verticale. Dans le corps de la ligne de midi à 6 h. toutes ces petites taches de diffusion linéaires verticales se recouvrent les unes les autres, excepté aux deux extrémités de la ligne qui restent diffuses, la diffusion étant ici égale à la demi-longueur des petites lignes verticales. De là cette conclusion importante en pratique que toute ligne du cadran horaire vue nette sur ses bords et diffuse à ses extrémités est parallèle au méridien non adapté de l'œil, et par suite perpendiculaire au méridien adapté pour la distance où est cette ligne. Et de même en ophtalmoscopie toute partie de vaisseau rétinien vue nette à l'image droite est perpendiculaire au méridien de l'œil observé As. pour lequel l'observateur est alors adapté. Dans nos caractères d'imprimerie les éléments verticaux ont plus d'importance que les éléments horizontaux ou obliques. Il y a déjà là une 1re raison pour que l'As. préfère s'adapter pour les lignes verticales. Une 2e raison, c'est qu'alors les images de diffusion étant verticales la lettre est prolongée au-dessous et en-dessus dans les deux espaces interlinéaires, tandis que si les images de diffusion étaient horizontales les lettres contigues empièteraient les unes sur les autres. Enfin une 3e raison de cette préférence c'est que, par le clignement, l'As. peut quasi annuler la diffusion de l'image dans le sens vertical; ce qui lui permet de voir en même temps les lignes horizontales à peu près nettes. Si par contre il accommode pour les lignes horizontales et que les verticales soient troubles, le clignement ne lui sert de rien.

Il en résulte que pendant la lecture l'astigmique s'adapte de préférence pour les éléments verticaux, autrement dit il amène sur sa rétine le foyer postérieur du méridien horizontal qui est généralement le moins réfringent. C'est pour cela qu'à l'examen subjectif on voit si souvent de jeunes personnes, douées d'une bonne amplitude d'accommodation, transformer en As. myopique simple les 3 variétés d'As. : mixte, hypermétropique simple, et même hypermétropique composée si le degré n'en est pas élevé.

Suivant que le méridien le plus réfringent avoisine la verticale ou l'horizontale l'As. est dite dans le 1er cas *directe*, dans le 2e cas *inverse*; enfin elle est dite *oblique* quand les méridiens principaux avoisinent 45° et sa perpendiculaire 135°.

Quant à la valeur de l'As. elle est égale à la différence de réfraction des deux méridiens principaux, chacun de ceux-ci représentant dioptriquement un œil distinct. Cette valeur aura donc pour expression la différence des inverses des puncta remota des deux méridiens principaux :

$$\text{As} = \frac{1}{R^1} - \frac{1}{R^2}$$

R^1 désignant le méridien le plus réfringent. Ex. :
Soit un œil As où $R^1 = 20$ cent. et $R^2 = 50$ cent.
Nous aurons :

$$\text{As} = \frac{1}{R^1} - \frac{1}{R^2} = \frac{1000}{20} - \frac{1000}{50} \text{ ou en D. } 5 - 2 = 3$$

Donders, puis Javal et ses élèves ont démontré que dans l'As. totale de l'œil, l'As. cornéenne est le facteur principal, qu'elle est en général directe, et souvent un peu diminuée par une As en sens contraire du cristallin. L'As. totale de l'œil n'est donc qu'une résultante dont l'As. cornéenne, et l'As. cristallinienne sont les composantes, et par suite les méridiens principaux de l'As. totale peuvent différer plus ou moins comme direction ou orientation de ceux des composantes. En outre, une des deux composantes, l'As. cristallinienne statique peut changer de degré pendant l'accommodation qui augmente la réfringence du cristallin, et ce changement modifiera à son tour, dans la vision de près, le degré de l'As. totale et la direction de ses méridiens principaux.

Je termine ici l'exposé des parties de la dioptrique oculaire afférentes au sujet de mon rapport. Bien des questions traitées dans celui-ci ont leur explication dans les pages précédentes, et cette considération seule m'a paru justifier cet exposé.

Procédés objectifs d'optométrie.

En 1880, j'écrivais ceci dans le *Recueil d'ophtalmologie* :

« Pour la détermination de la réfraction oculaire, les procédés *objectifs* sont de la plus haute importance. Avec eux, plus d'hésitation ni de tâtonnement ; le médecin sait de suite à quel genre d'amétropie il a affaire, et ne dépend plus exclusivement des réponses du sujet, réponses parfois incertaines ou contradictoires, capables de l'induire en erreur, ainsi que cela n'arrive que trop souvent avec l'examen subjectif employé seul ». « La nature et le degré de l'amétropie une fois déterminés objectivement, on pourra recourir à l'examen subjectif, afin d'arriver à la meilleure correction possible. Il ne faut pas croire que ce *double examen, objectif d'abord, subjectif ensuite*, constitue une perte de temps. Tous ceux qui procèdent ainsi dans la détermination de la réfraction savent au contraire combien pareille façon d'agir permet d'arriver au résultat exact avec sûreté et promptitude ».

A cette époque, 1880, la réfraction oculaire était déterminée dans toutes les cliniques de Paris presque exclusivement par la méthode subjective dite de Donders. Les aides ou chefs de clinique, chargés de ce service, ne pratiquaient pour la plupart aucun examen objectif préalable, et n'ayant par suite aucun renseignement sur la réfraction de l'œil observé, ils faisaient passer devant cet œil un nombre parfois incroyable de verres sphériques et cylindriques. J'espère qu'une manière d'opérer si peu scientifique a cessé et que chacun a reconnu la grande utilité des procédés objectifs d'optométrie. Je vais décrire les principaux, en commençant par ceux qui sont basés sur l'examen ophtalmoscopique :

1° Déplacement apparent des vaisseaux de l'image droite ou renversée par rapport au mouvement de l'observateur ;

2° Déplacement parallactique de l'image renversée par rapport au mouvement de la lentille objective ;

3° Variations de grandeur de l'image renversée dans l'amétropie sphérique, et variations de forme de l'image dans l'amétropie astigmique, quand on éloigne la lentille de l'œil observé. — Détermination exacte du remotum optométrique, où siège l'image renversée ;

4° Image droite.

5° Skiascopie ;

I. — Déplacement apparent des vaisseaux de l'image droite ou renversée par rapport au mouvement de l'observateur.

Pour l'observateur emmétrope placé à une distance D de l'observé, l'œil H., l'E., et même le M. dont le remotum $R > D$, donneront à l'observateur une image droite et virtuelle, qui peut être nette avec l'H., sera forcément un peu trouble avec l'E (parce que l'observateur accommode légèrement), et plus trouble encore avec le myope faible. Il n'y aura pas d'image pour le M dont $R = D$; c'est *le point neutre d'observation, réalisé par la coïncidence du remotum de l'observé avec le plan pupillaire de l'observateur* ; enfin il y aura une image réelle et renversée pour le M. dont $R < D$.

D'autre part, dans le cas d'une image droite et virtuelle le déplacement apparent des vaisseaux a lieu dans le même sens que celui de l'observateur, et le contraire a lieu avec l'image réelle et renversée. En voici l'explication que j'emprunte en partie à Giraud-Teulon :

Que l'image soit droite ou renversée, le champ de vision ophtalmoscopique est limité par les droites qui vont du centre de la pupille de l'observateur au bord de l'ouverture pupillaire de l'observée.

Supposons maintenant que l'observateur fasse un léger mouvement vers la droite : les deux lignes qui circonscrivent ledit champ de vision se déplaceront avec lui, leur point de rencontre (dans son œil) se portera sur la droite, le champ de vision au contraire se déplacera sur la gauche ; ce sont les bords de la pupille de l'œil observé qui servent de points fixes dans ce mouvement inverse.

Les vaisseaux de l'*image droite* seront donc successivement cachés par le bord de la pupille *du côté même vers lequel l'observateur se portera*, tandis que du côté opposé apparaîtront de nouveaux vaisseaux précédemment invisibles. En d'autres termes, les vaisseaux sembleront se mouvoir, défiler devant l'observateur dans le sens même de son propre mouvement à lui-même.

Réciproquement avec l'*image réelle et renversée*, si l'observateur se meut également vers *la droite* son champ de vision ophtalmoscopique découpe dans l'image renversée de la rétine du sujet une portion située d'autant plus à droite que le mouvement en question est plus prononcé. Or, eu égard au renversement de l'image, sa région droite, à elle, répond à la partie de la rétine située à *la gauche* de l'observateur. Le mouvement de ce dernier, en s'accentuant, lui découvre donc des régions rétiniennes situées de plus en plus sur *sa gauche*. Les parties profondes de l'œil observé semblent donc défiler derrière l'iris, *de droite à gauche*, pendant le mouvement de l'observateur de la gauche vers la droite : c'est-à-dire en sens inverse de son propre déplacement.

On peut mettre ce double phénomène en évidence par un exemple banal.

Une rangée de soldats est placée dans une cour fermée, et un promeneur passe devant la porte qui est ouverte : à chaque pas qu'il fait, il verra un soldat de moins du côté vers lequel il s'avance, et un de plus du côté dont il s'éloigne. S'il se croyait immobile, ainsi que la porte, il lui semblerait que les soldats *défilent* devant lui dans le sens qu'il suit.

Plaçons maintenant le peloton de soldats entre la porte et lui, et supposons qu'il ne puisse voir que ceux qui se détachent dans le jour de la porte, comme dans le cas de l'image renversée ophthalmoscopique. Dans le même mouvement que celui du cas précédent, à chaque pas qu'il fera, le promeneur verra un soldat de plus dans le sens de son propre mouvement, un soldat de moins en arrière. S'il se croyait immobile, ainsi que la porte, les soldats lui paraîtraient donc défiler en sens contraire du mouvement précédent, ou de son propre mouvement réel.

En résumé, dans le cas d'une image droite et virtuelle, le déplacement apparent des vaisseaux a lieu dans le sens même de celui de l'observateur ; c'est le contraire dans le cas de l'image réelle et renversée.

On n'oubliera pas en outre que l'amplitude du déplacement apparent de l'image est en raison inverse du degré de l'amétropie (H. ou M.). Plus l'amétropie sera forte, moindre sera cette amplitude (fig. 27, page 43).

D'après cela il sera possible de reconnaître la nature de l'amétropie. Mais la différence de grandeur des images virtuelles et leur différence d'amplitude pour un même déplacement de l'observateur ne permettent aucune détermination du degré de l'hypermétropie. On pourra seulement dire qu'elle est légère, moyenne ou forte.

Par contre, le procédé n'est pas sans valeur avec la M. moyenne ou forte. Dans ce cas en effet, on pourra déterminer approximativement l'emplacement de l'image réelle, c'est-à-dire le lieu du remotum.

Soit en effet une M. de 10^d, comptée de f^1. Le remotum ou l'image aérienne du fond de l'œil est à 100 mm. en avant de f^1. D'après ce qui a été dit plus haut, à une distance de f^1 qui sera D $>$ 100 mm., on aura une image réelle et renversée, d'autant plus trouble qu'on se rapprochera du remotum. Quand D $=$ 100 mm., pas d'image. C'est le *point neutre d'ob-*

servation (coïncidence du remotum de l'observé avec le plan

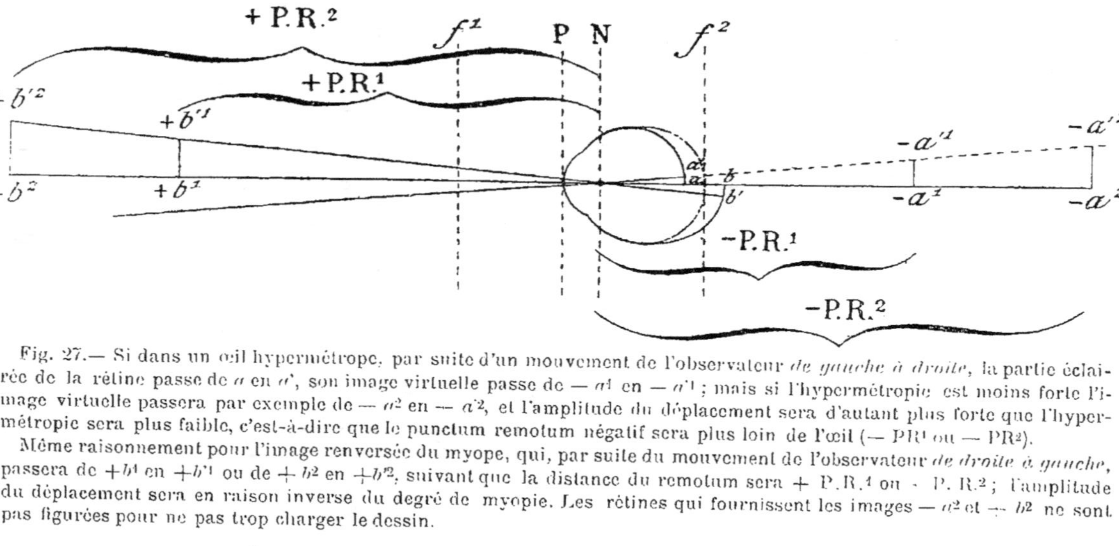

Fig. 27.— Si dans un œil hypermétrope, par suite d'un mouvement de l'observateur *de gauche à droite*, la partie éclairée de la rétine passe de *a* en *a'*, son image virtuelle passe de — *a¹* en — *a'¹* ; mais si l'hypermétropie est moins forte l'image virtuelle passera par exemple de — *a²* en — *a'²*, et l'amplitude du déplacement sera d'autant plus forte que l'hypermétropie sera plus faible, c'est-à-dire que le punctum remotum négatif sera plus loin de l'œil (— PR¹ ou — PR²).

Même raisonnement pour l'image renversée du myope, qui, par suite du mouvement de l'observateur *de droite à gauche*, passera de +*b¹* en +*b'¹* ou de + *b²* en +*b'²*, suivant que la distance du remotum sera + P.R.¹ ou - P. R.² ; l'amplitude du déplacement sera en raison inverse du degré de myopie. Les rétines qui fournissent les images — *a²* et — *b²* ne sont pas figurées pour ne pas trop charger le dessin.

pupillaire de l'observateur). Enfin quand D < 100 mm., image virtuelle et droite, d'autant plus trouble qu'on sera moins éloigné du remotum.

Au point de vue théorique, rien de plus simple ; mais en pratique le point neutre d'observation n'est plus un point mathématique ; un peu au delà et un peu en deçà du remotum, l'image réelle dans le 1er cas, virtuelle dans le 2e, sont tellement troubles qu'il est difficile de dire dans quel sens a lieu le déplacement apparent des vaisseaux relativement aux oscillations de l'observateur. Ce prétendu point neutre devient ainsi une petite zone où le phénomène est indistinct, d'où une fixation moins précise du lieu du remotum, et du degré de l'amétropie.

Ce procédé déjà défectueux pour le diagnostic de l'amétropie sphérique l'est encore plus pour le diagnostic de l'astigmie. Je ne le vois guère applicable que pour l'astigmie myopique composée, et surtout pour l'astigmie mixte. Je suppose un œil avec H. + 1ᵈ dans le méridien horizontal et M. — 4ᵈ dans le méridien vertical. Si le réflecteur est tenu au delà du *remotum* du méridien myope, les vaisseaux se déplaceront en sens inverse de l'observateur suivant le méridien vertical, et au contraire dans le même sens, suivant le méridien horizontal. Il sera donc aisé de reconnaître ainsi cette variété d'astigmie.

Théoriquement, ce procédé devrait être également applicable aux formes d'astigmie composée hypermétropique ou myopique, en examinant la rapidité *relative* avec laquelle se produit le déplacement apparent des vaisseaux suivant les deux méridiens principaux, déplacement qui a lieu dans le même sens que l'observateur s'ils sont hypermétropes, en sens inverse s'ils sont myopes. Il est clair qu'au méridien le plus amétrope (je veux dire le plus H. ou le plus M.) correspondra l'excursion la moins considérable, le déplacement le moins rapide, et cela, que l'image soit virtuelle ou réelle, droite ou renversée. Mais dans la pratique, à moins que l'astigmie n'atteigne un degré élevé, il sera difficile d'apprécier ces différences dans la rapidité relative du déplacement apparent des vaisseaux.

Il est vrai que dans l'As. myopique composée l'observateur aurait la ressource de faire coïncider avec sa pupille le remotum du méridien le moins réfringent (d'où disparition de l'image réelle pour le déplacement suivant ce méridien et conservation de l'image réelle pour le déplacement de l'observateur suivant le méridien le plus réfringent). Mais d'autres procédés nous donneront le résultat cherché d'une façon plus rapide et plus exacte.

Un autre inconvénient de ce procédé c'est d'exiger une pupille large, afin qu'on puisse plus facilement apercevoir les vaisseaux ; si bien que, dans la plupart des cas, il faudrait recourir à l'atropine ou à la cocaïne, ce qui n'est pas sans inconvénient.

II. — Déplacement parallactique a l'image renversée par rapport au mouvement de la lentille.

En examinant l'image renversée, si nous imprimons à la lentille des mouvements latéraux, au moment où la papille est vue par le centre du verre, nous remarquerons que l'image ophtalmoscopique se meut aussi. Pour faciliter cet examen je recommande de faire tracer au diamant sur la lentille deux raies en croix ; il suffira alors de faire coïncider soit le centre de la papille, soit son bord avec le centre de la croix. On pourra de cette façon constater aisément les mouvements relatifs de l'image et de la lentille. Ces mouvements varient d'amplitude suivant l'état de réfraction de l'observé.

Désignons l'image ophtalmoscopique par I, le foyer principal de la lentille par F, le déplacement du centre optique de la lentille par D^l, celui-ci de l'image par D^i, nous aurons.

$$\text{Œil E} \ldots \text{I} \quad \text{en} \quad \text{F} \ldots D^i = D^l$$
$$\text{» M} \ldots \text{I en deçà de F} \ldots D^i < D^l$$
$$\text{» H} \ldots \text{I au-delà de F} \ldots D^i > D^l$$

Les fig. 28, 29, 30, page 45, expliquent ces faits.

La figure 28 représente ce qui se passe pour l'œil E. Admettons d'abord la lentille en l avec son axe principal sur la même ligne que l'axe optique. Le point rétinien qui est à l'extrémité de l'axe optique donne alors des rayons émergents, qui, non seulement sont parallèles entre eux, mais aussi parallèles à l'axe principal de la lentille, c'est-à-dire à

la ligne qui réunit les centres de courbure de ses deux surfaces. L'image du point rétinien considéré sera forcément
en I puisqu'il doit remplir deux conditions : 1° être dans le
plan focal principal F ; 2° être sur l'axe principal de la lentille.

Si nous abaissons la lentille en *l'* le centre optique sera

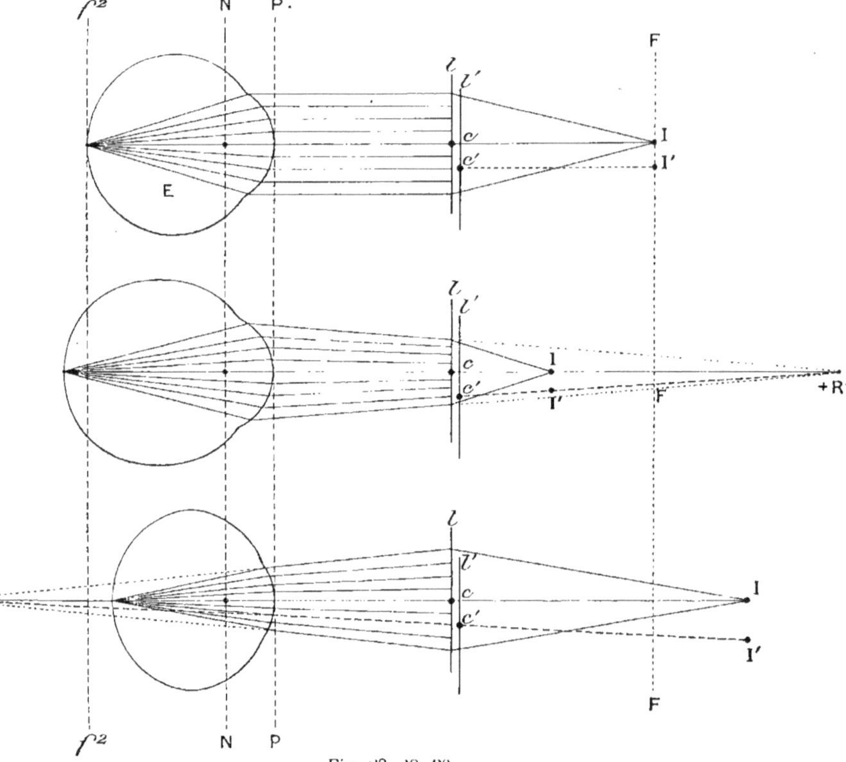

Fig. 28. 29, 30.

en *c'* et l'axe principal s'abaissera tout en restant parallèle à
sa première position ; les rayons émergents parallèles pro-
venant du point rétinien considéré rencontrent toujours la
lentille parallèlement à son axe principal ; l'image sera donc
en I', c'est-à-dire qu'elle sera abaissée de la même quantité
que le centre optique de la lentille. Tout autre point rétinien
considéré donnerait lieu au même raisonnement et à la même

construction. Donc chez l'E. la lentille et l'image présentent la même amplitude dans le déplacement.

La figure 29 montre ce qui se passe avec l'œil M.

On peut considérer l'œil M. comme un œil ayant une lentille convexe en trop, lentille qui serait placée immédiatement en avant de la cornée et aurait son foyer au *remotum* + R. L'axe du cône des rayons convergents qui proviennent de la rétine, par exemple du point situé à l'extrémité de l'axe optique (fig. 29), peut donc être considéré comme l'axe principal de cette lentille qui exprime l'excès de réfraction ou le degré de myopie de cet œil. Si nous recevons maintenant ces rayons convergents sur une lentille convexe *l*, en faisant coïncider son axe principal avec l'axe optique, nous aurons en l, c'est-à-dire en avant du plan focal principal FF, l'image du point rétinien considéré.

Mais si nous abaissons la lentille en *l'* les deux axes principaux (celui de la lentille convexe qui exprime l'excès de réfraction de l'œil myope d'un côté et celui de la lentille objective de l'autre) ne coïncident plus, et l'image se forme maintenant sur la ligne qui est la résultante des deux axes principaux et qui va du centre optique de la lentille objective au foyer de la lentille qui exprime l'excès de réfraction, ou, ce qui revient au même, au *remotum* (+ R), de l'œil myope. L'image sera en l' sur la ligne c'R, et comme le nouvel axe principal est *convergent* par rapport au premier, la distance entre l et l' sera *plus petite* qu'entre c et c', autrement dit, le déplacement de l'image chez le M. aura moins d'amplitude que celui de la lentille, et plus la myopie sera forte plus ce déplacement sera faible.

Réciproquement, nous pouvons considérer l'œil H comme un œil qui aurait une lentille concave en trop, lentille qui exprimerait son insuffisance de réfraction, et dont le foyer virtuel coïnciderait avec le *remotum* (— R) (fig. 30). L'axe du faisceau des rayons qui émergent de l'œil H en divergence peut être considéré comme l'axe principal de cette lentille concave.

Il suffit alors de répéter le même raisonnement que ci-dessus : Quand la lentille est en *l* (première position) les axes principaux des deux lentilles, la négative (celle qui exprime le degré d'H.) et la positive (qui sert d'objectif) sont sur une même ligne et l'image se forme en I, au delà du foyer principal F, sur l'axe commun.

Si la lentille est en I' (seconde position), l'image se trouve alors sur une ligne, qui est la résultante des deux axes principaux, et qui va du centre optique de la lentille objective au foyer virtuel (— R) de la lentille négative qui exprime le degré d'H. Ce nouvel axe principal est *divergent* par rapport au premier ; il en résulte que la distance entre les deux positions I et I' de l'image est *plus grande* que la distance entre les deux positions c et c', occupées successivement par le centre optique de la lentille objective, autrement dit, l'image marche ou se déplace plus vite que la lentille.

S'agit-il maintenant de méridiens à réfraction inégale (œil astigmique), si l'on fait mouvoir la lentille dans les divers sens, on trouvera, à l'aide de la différence dans le mouvement relatif de l'image et de la lentille, lequel des méridiens est E., H. ou M. Si les deux méridiens principaux ont la même amétropie à divers degrés, l'avance ou le retard de déplacement de l'image sur celui de la lentille sera plus prononcé dans l'un que dans l'autre. Des mouvements de la lentille très peu excursifs suffisent pour faire observer cette différence.

C'est surtout dans le cas d'astigmie mixte que ce procédé donnera un résultat intéressant. Si le méridien vertical est M., et l'horizontal H., on observera que l'image marche moins vite que la lentille dans le sens vertical, plus vite au contraire que la lentille dans le sens horizontal.

Après avoir expérimenté ce procédé, je suis arrivé à cette conviction que l'on peut avec lui diagnostiquer toute astigmie égale ou supérieure à 1^d. Mais pour cela, si l'astigmie est hypermétropique composée ou myopique composée, il est nécessaire de corriger d'abord un méridien en plaçant un verre dans la lunette d'essai. On reconnaît que ce méridien est corrigé quand l'image se déplace, dans le sens de ce méridien, aussi vite que la lentille. Il reste ensuite à placer dans la lunette d'essai le cylindre convenable qui, dans le méridien perpendiculaire, donnera aussi à l'image et à la lentille la même amplitude dans le déplacement. Les verres correcteurs placés devant l'œil observé ne gênent pas l'examen à l'image renversée.

Ce procédé est à la fois élégant, rapide et assez exact. Pour qu'il soit bien sensible, il faut que l'image ait un déplacement d'une amplitude suffisante ; il est donc nécessaire d'avoir une lentille d'un long foyer, 12^d par exemple.

Mais, avec ce procédé, il faut craindre que l'observateur ne tienne pas toujours sa lentille exactement perpendiculaire au faisceau des rayons émergents et ne produise ainsi lui-même un certain degré d'astigmie artificielle, ou d'incidence. On obviera en partie à cette cause d'erreur en se servant de lentilles munies d'une articulation en genouillère qui les laissera toujours dans la verticale.

III. — Variations de grandeur de l'image renversée dans l'amétropie sphérique, et variations de forme de l'image dans l'amétropie astigmique quand on éloigne la lentille de l'œil observé. — Détermination exacte du remotum optométrique, ou de l'emplacement de l'image renversée.

La lentille objective placée devant l'œil observé lui donne un remotum artificiel que nous nommerons remotum ophtalmoscopique ou optométrique Ro. Si F'' est le foyer postérieur de la lentille, l'image ophtalmoscopique de l'observé coïncidera avec F'' (E), sera en deçà (M), ou au delà (H).

Voyons maintenant : 1° à quelle distance de F'' sera l'image de M ou de H pour un degré déterminé d'amétropie ; — 2° dans quel rapport seront les grandeurs respectives de l'objet rétinien et de son image ophtalmoscopique renversée.

Plusieurs cas sont ici à considérer (Voir légende des fig. I, II, III, IV, V, pages 50 et 52).

Étudions maintenant plus complètement le cas n° IV où l'image est constante en grandeur quelle que soit la réfraction de l'observé.

Ce fait important de l'égalité de grandeur des images ophtalmoscopiques pour la position $(D = F + \Phi')$ constitue la solution de l'optométrie objective à l'image renversée, et aussi de l'optométrie instrumentale subjective, car l'égalité des images permet de déterminer du même coup le degré de l'amétropie et le degré de l'acuité visuelle.

Avec une telle position de la lentille, si nous désignons par λ' la distance de la rétine au foyer postérieur f^2 du 1er dioptre (œil), et par l'' la distance correspondante de l'image ophtalmoscopique au foyer postérieur F'' du 2e dioptre (lentille) nous aurons la relation :

$$\frac{l''}{\lambda'} = \frac{F'\,F''}{\Phi'\,\Phi''} \; ; \text{ d'où } l'' = \lambda' \, \frac{F'\,F''}{\Phi'\,\Phi''}$$

Autrement dit, l'' la distance de l'image ophtalmoscopique renversée au foyer postérieur F'' du 2e dioptre (lentille) et λ', la distance de l'objet (ou rétine) au foyer postérieur f^2 du 1er dioptre (œil), sont dans le même rapport que le produit respectif des longueurs focales des deux dioptres, et comme ce dernier rapport $\dfrac{F'\,F''}{\Phi'\,\Phi''}$ est une quantité constante (car il ne contient que des valeurs invariables), pour des allongements ou raccourcissements d'axe optique progressivement égaux à λ', $2\lambda'$, $3\lambda'$.... les distances de l'image ophtalmoscopique au foyer postérieur F'' de la lentille seront également l'', $2l''$, $3l''$..... En d'autres termes, à des raccourcissements ou allongements équidistants d'axe optique du dioptre oculaire correspondront des déplacements équidistants de l'image par rapport au foyer postérieur F'' de la lentille.

Quant à la valeur de l'' (distance de l'image au foyer postérieur F'' de la lentille) correspondante à l'unité de réfraction ou à la dioptrie, elle est égale au carré du foyer de la lentille ($F \times F$ ou F^2), c'est-à-dire que :

Pour	1^d d'amétropie $\pm$	on aura $\pm$	$l'' =$		F²
»	2^d	»	»	$l'' =$	2	F²
»	3^d	»	»	$l'' =$	3	F²
»	10^d	»	»	$l'' =$	10	F²
»	20^d	»	»	$l'' =$	20	F²

si la puissance dioptrique de la lentille ophtalmoscopique atteint 20^d. Ainsi donc, chaque fois que l'œil observé acquiert ou perd une quantité de réfraction égal à 1^d, l'image ophtalmoscopique se déplace d'une quantité égale au carré du foyer de la lentille ; elle se déplace de cette quantité au delà de F'' si l'œil observé est H, et de la même quantité en deçà de F'' si l'œil observé est M.

Dans tout optomètre ophtalmoscopique à l'image renver-

Explication des lettres contenues dans les dessins et leur légende :

L lentille optométrique ou ophtalmoscopique, F'F" ses foyers antérieur et postérieur, F sa longueur focale, Ro (fig. 1) le remotum optométrique ou ophtalmoscopique qu'elle donne à l'œil observé M.E.H.

D distance de la lentille à la cornée de l'œil réduit, ou au 1er point principal de l'œil complet.

f_1, N, P, f^2 sont les quatre points cardinaux de l'œil réduit, R le rayon de courbure de la surface, ϕ' et ϕ'' ses deux longueurs focales, g'' (fig. II) la distance du point nodal à la rétine.

A (fig. IV) est l'axe optique ($= R + g''$ dans l'œil réduit et $=$ distance du 2e point principal à la rétine dans l'œil réel) ; n'' ($= 1,33$) indice de réfraction du milieu réfringent unique de l'œil réduit.

x (fig. V) est la distance de F' à f_1. I et O l'image et l'objet.

I. — $D = \phi'$. L'image est à l'objet dans le même rapport que le remotum optométrique Ro à la première longueur focale ϕ' de l'œil :

$$\frac{I}{O} = \frac{Ro}{\phi'}$$ et comme Ro ^{H} > Ro ^{E} > RoM on a I^{H} > I^{E} > I^{M}.

II. — $D = F - R$, ou comme $- R = \phi' - \phi''$ on a $D = F + \phi' - \phi''$. Dans ce cas F' de la lentille L coïncide avec le centre optique N de l'œil et l'image est à l'objet dans le même rapport que la longueur focale de la lentille (F) à la distance du point nodal à la rétine (g'') pour chaque œil :

$$\frac{I}{O} = \frac{F}{g''}$$ et comme g''^{M} > g''^{E} > g''^{H} on a I^{H} > I^{E} > I^{M}.

III. — $D = F$, c'est-à-dire que F' coïncide avec le point principal unique de l'œil réduit (ou le premier point principal de l'œil réel). La grandeur de l'image dépend alors de la grandeur de l'axe optique A :

$$\frac{I}{O} = \frac{n'' F}{A}$$ et comme A^{M} > A^{E} > A^{H} on a I_{M} < I^{E} < I^{H}.

IV. — $D = F + \phi'$, c'est-à-dire que F' de la lentille coïncide avec f_1 de l'œil, et la lentille est à une distance de la cornée de l'œil réduit égale à la somme des longueurs focales des deux dioptres ($D = F + \phi'$) :

$$\frac{I}{O} = \frac{F}{\phi'}$$ et comme $\phi'^{\mathrm{M}} = \phi'^{\mathrm{E}} = \phi'^{\mathrm{H}}$ on a $I^{\mathrm{M}} = I^{\mathrm{E}} = I^{\mathrm{H}}$.

L'image est constante en grandeur quelle que soit la réfraction de l'observé.

V. D > $F + \phi'$. Si F' de la lentille est au delà de f_1 de l'œil, les images redeviennent inégales, et leur grandeur est donnée par la formule générale $$\frac{I}{O} = \frac{F}{\phi'} \times \frac{l' + x}{l'}$$ où $\pm x$ représente la distance de F' à f_1 de l'œil, et l' la distance de F' au remotum $\pm$ R de l'amétrope M ou H. Ce qui donnera :

$$\mathrm{M.} \quad \frac{I}{O} = \frac{F}{\phi'} \times \frac{l' + x}{l'}$$
$$\mathrm{H.} \quad \frac{I}{O} = \frac{F}{\phi'} \times \frac{l' - x}{l'}$$

d'où I^{M} > I^{E} > I^{H}.

Car chez l'E. R est à l'infini et $\dfrac{l' + x}{l'} = O$, et la formule devient pour lui $\dfrac{I}{O} = \dfrac{F}{\phi'}$ comme dans le cas précédent n° IV. (Suite de la légende p.52).

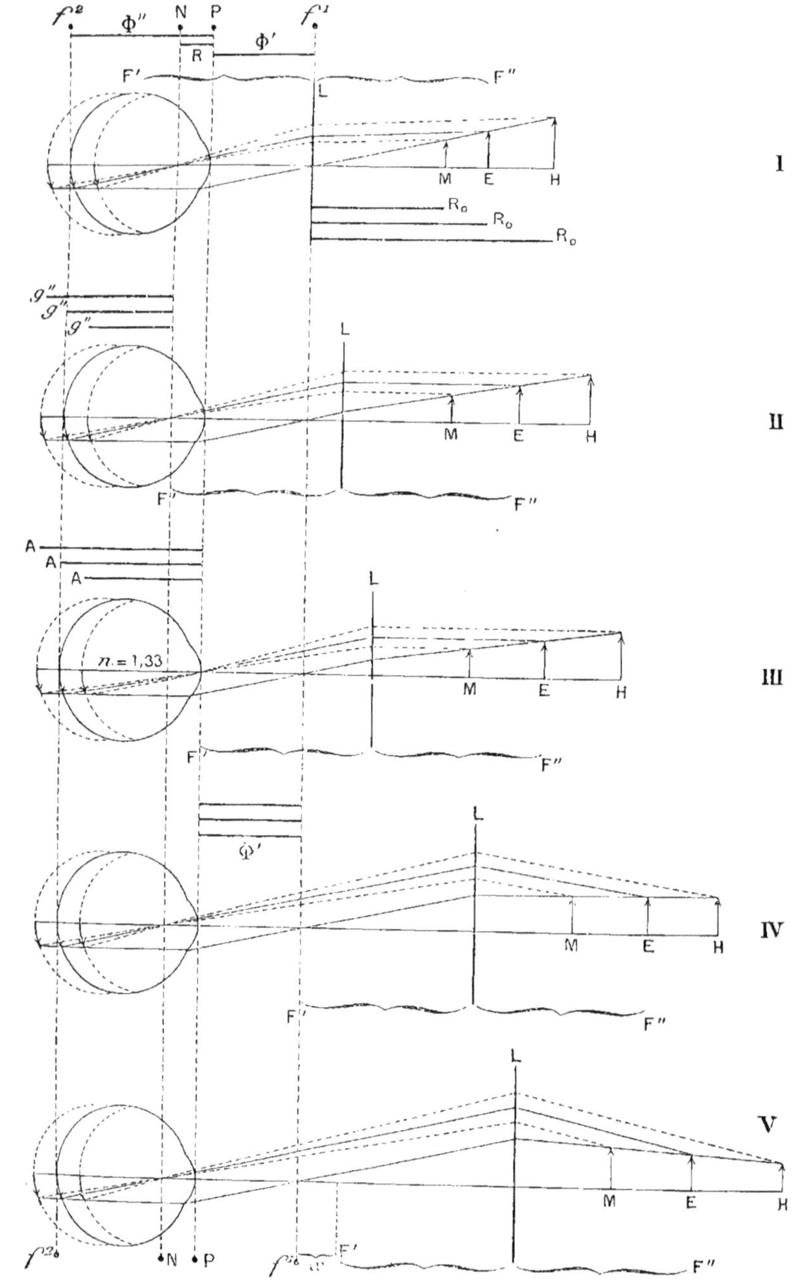

f^2
Φ''
N
P
f^1
R
Φ'
F'
F''
L
M
E
H
R_o
R_o
R_o
I
ℐ''
ℐ''
ℐ''
L
M
E
H
F'
F''
II
A
A
A
L
n = 1,33
M
E
H
III
F'
F''
Φ'
L
M
E
H
IV
F'
F''
L
M
E
H
V
f^2
N
P
f^3
F'
F''

sée, basé sur ce principe ($D = F + \Phi'$), l'intervalle de la graduation est donc égal à F^2 de la lentille, et par suite pour les lentilles 10, 14 et 20^d, il sera :

$$10^d\ F = 100\ \text{mm} \ldots\ldots F^2 = 10\quad \text{mm. ou } 1\quad \text{cm.}$$
$$14^d\ F = 71\ \text{mm} \ldots\ldots F^2 = 5\quad \text{mm. ou } 1/2\ \text{cm.}$$
$$20^d\ F = 50\ \text{mm} \ldots\ldots F^2 = 2.5\ \text{mm. ou } 1/4\ \text{cm.}$$

Pour que l'optomètre soit bon, les lentilles doivent être débordées et achromatiques, et les lentilles 14 et 20^d doivent, en raison de leur court foyer, être composée chacune de quatre verres accouplés deux à deux (flint et crown.), chaque couple ayant une puissance dioptrique de 7 et 10^d. Cela procure le double avantage d'un grand champ ophtalmoscopique et de la pureté de l'image.

Comme il est difficile de faire une lentille d'un foyer exact, la graduation ne sera.gravée que la lentille une fois faite et en place. La longueur focale (F) est alors déterminée, et la graduation en découle, c'est toujours $F \times F$ ou F^2 par dioptrie.

Maintenant que nous connaissons l'emplacement de l'image ophtalmoscopique renversée par la relation $\dfrac{l''}{\lambda'} = \dfrac{F'\ F''}{\Phi'\ \Phi''}$, et sa grandeur constante par l'autre relation $\dfrac{1}{0} = \dfrac{F}{\Phi'}$, comment allons-nous l'examiner ? Le moyen le plus simple est de l'observer à travers un oculaire, dont le foyer antérieur F' coïncidera avec le plan de l'image ophtalmoscopique (qui est l'ob-

---

En résumé : — 1° Dans les fig. I, II. III, IV, V, l'image de l'E est constante en grandeur ou indépendante de la position de L.

2° Dans les fig. I, II, III les images de l'E et des Am. axiles sont inégales, et on a $I^M < I^E < I^H$, mais cette inégalité diminue progressivement de I à IV ; en IV elles sont égales, et passé cette position de la lentille où $D = F + \Phi'$, elles redeviennent inégales en sens inverse.

3° Dans les fig. II, III, IV (ou F' de la lentille coïncide successivement avec l'un des trois points cardinaux de l'œil N, P, f^1), à des différences de réfraction égales correspondent des intervalles équidistants de l'image, et dans ces 3 fig. l'image M est aussi éloignée de F'' que l'image H, car le degré de la M y est supposé égal au degré de l'H. L'inverse a lieu pour les fig. I et V où les intervalles correspondants des images M et H sont inéquidistants.

Nota. Φ' a la même valeur dans tous les yeux E ou Am axiles. Il en est autrement dans les amétropies de courbure, d'indice, et dans l'œil aphaque.

jet par rapport à l'oculaire), et dont le foyer postérieur F"
coïncidera avec le foyer antérieur f^1 de l'observateur. La lentille oculaire est alors éloignée de la cornée de l'observateur
(œil réduit) d'une distance $D = F + \Phi'$, et nous retombons
dans le cas décrit et figuré ci-dessus (n° IV, p. 50 et 51), c'est-
à-dire : égalité des images rétiniennes pour l'observateur, et
à des quantités de réfractions égales, positives (M) ou négati-
ves (H), de l'observé correspondront des reculs ou des avan-
cements équidistants de l'oculaire. C'est sur ce principe que
repose l'*ophtalmoscope fixe optométrique* que j'ai fait construire en 1889 (fig. 36), mais qui n'est qu'une modification
d'un semblable datant de 1880.

J'ai décrit l'optométrie ophtalmoscopique à l'image renversée en insistant plus spécialement sur le cas où $D = F + \Phi'$
parce qu'alors le n° en dioptries indiqué par l'instrument n'est
autre que celui du correcteur placé en f^1, et pratiquement
c'est cela seul qui importe, car nous ne comptons habituellement l'amétropie que du point focal antérieur f^1.

Mais le *remotum* peut aussi se compter du point nodal
(Donders, Mauthner), ou du point principal (Nagel, Landolt).
Si donc on fait coïncider F' avec N (fig. II, page 51, principe
de Badal, 1876), ou avec P (fig. III) on aura encore pour ces
deux cas la relation $\dfrac{l''}{\lambda'} = \dfrac{F' \, F''}{\Phi' \, \Phi''}$. et par suite l'intervalle de
la graduation par dioptrie sera encore égal à $F \times F$ ou F^2,
comme pour le IV° cas où F' coïncide avec f^1, mais les images
ophtalmoscopiques seront inégales en grandeur. En outre,
dans ces cas II et III, le n° en dioptries indiqué par la graduation sera relatif à l'amétropie comptée respectivement du
point nodal ou du point principal, et ne correspondra plus au
n° du correcteur à prescrire.

En résumé, suivant que l'on fait coïncider le foyer antérieur
F' de la lentille ophtalmoscopique ou optométrique avec l'un
des 3 points cardinaux de l'œil f^1, P, N, l'instrument indiquera
la réfraction de l'œil pour le point cardinal considéré. Mais
nous avons vu que le cas le plus avantageux à réaliser (tant
pour l'optométrie objective que subjective), c'est la coïncidence de F' avec f^1.

Enfin si l'œil observé est As. on fera passer devant lui les lentilles cylindrique concaves. Pour cela, avec l'oculaire, l'observateur s'adapte d'abord pour les vaisseaux ou parties de vaisseaux de la papille qui correspondent au méridien le moins réfringent (par exemple vaisseaux verticaux correspondant au méridien horizontal); ceci fait, il suffit de faire passer des cyl. concaves à axe horizontal et de force croissante jusqu'à ce que les vaisseaux horizontaux du fond de l'œil soient également nets. L'astigmie de l'observé est alors corrigée.

Toutes les tentatives récentes d'optométrie ophtalmoscopique à l'image renversée ne sont que des applications des cas représentés par les fig. II, III, IV , page... Ces tentatives, ont pour principe commun la coïncidence du foyer antérieur F' de la lentille avec l'un des 3 points cardinaux (N, P, f') de l'œil. Je citerai celles de Snellen, Landolt, Loiseau et Warlomont et la mienne qui leur est postérieure (1880). Que l'on recueille en effet l'image sur un verre dépoli, ou qu'on la fasse coïncider avec un treillis pour lequel l'observateur s'adapte, ou encore coïncider, comme je l'ai fait dans l'instrument ci-contre (fig. 36), avec le foyer antérieur d'un oculaire fort, le principe reste le même.

Le procédé de Schmidt-Rimpler repose sur le même principe. Il consiste à placer un objet lumineux au remotum optométrique de l'observé. Cet objet lumineux forme alors sur la rétine une image nette, et celle-ci, devenant objet à son tour, a son image au remotum optométrique, par application du principe du retour inverse des rayons dans les foyers conjugués.

L'objet lumineux dont se sert Schmidt-Rimpler n'est autre que l'image réelle, donnée par le miroir ophtalmoscopique, de la source lumineuse qui a la forme d'un treillis quadrillé. Cette image réelle (qui est constamment dans le plan du foyer principal du miroir concave, parce que, par disposition instrumentale, les rayons de la source lumineuse lui arrivent parallèles), sert à éclairer le fond de l'œil. Ceci posé, l'observateur avance ou recule avec son miroir concave jusqu'à ce qu'il voie se peindre nettement sur la rétine de l'observé l'image de l'objet lumineux. A ce moment cet objet (image catoptrique de la lampe) coïncide avec le remotum optométri-

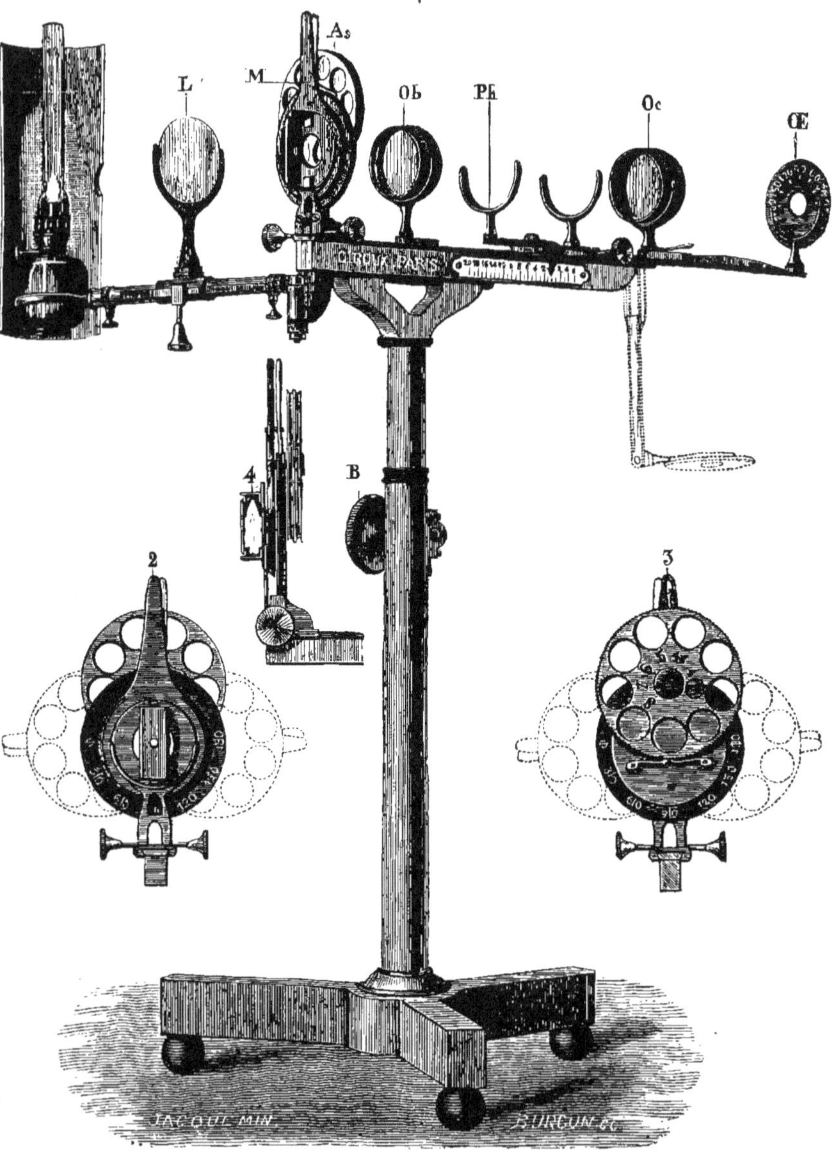

FIG. 36. — Ophtalmoscope fixe optométrique de Parent.

que de l'observé ; l'emplacement de celui-ci est déterminé, et il suffit de lire sur le ruban gradué fixé au miroir le degré de l'amétropie. Si, au lieu de faire $D = F$ (1) on fait $D = F + \Phi'$ la graduation de ce ruban est F^2 par dioptrie, les images rétiniennes sont constantes en grandeur, et le n° indiqué par le ruban gradué sera celui du correcteur placé en f^1.

OEil astigmique. — Nous avons vu plus haut que pour les yeux amétropes axiles les images ophthalmoscopiques sont égales quand $D = F + \Phi'$. Il n'en saurait être ainsi pour l'œil astigmique qui est au point de vue dioptrique deux yeux différents à axes croisés, chacun ayant ses points cardinaux et ses longueurs focales spéciales. Par conséquent la première longueur focale du méridien le plus réfringent ne saurait être égale à celle du méridien le moins réfringent ; l'expression $D = F + \Phi'$ n'a donc plus ici de sens, puisqu'il y a deux Φ' différents.

Il est cependant une position de la lentille qui donne pour les deux méridiens principaux deux images ophtalmoscopiques de même grandeur, c'est quand $D = F$, c'est-à-dire que le point focal antérieur de la lentille coïncide avec le point principal de l'œil réduit astigmique. Ce résultat tout à fait général est indépendant de la position de l'objet (le disque optique) et par conséquent indépendant de la forme de l'astigmie.

La grandeur de l'image ophtalmoscopique est alors donnée par la relation déjà citée plus haut $\dfrac{1}{O} = \dfrac{n'' F}{A}$ (voir fig. 37 et 38 représentant les 2 images de même grandeur pour les 2 méridiens principaux H.H' et V.V').

En fait cependant il faut remarquer ceci : Dans cette position de la lentille, il est vrai que le grossissement pour chaque méridien principal est le même, et par suite l'image de la papille, supposée circulaire, doit être elle-même circulaire. Mais il ne faut pas oublier que les images de la papille, don-

---

(1) Les auteurs, qui se sont occupés d'optométrie ophtalmoscopique à l'image renversée, ont presque tous fait coïncider F' de la lentille avec P ou N de l'observé. Schmidt-Rimpler a fait de même : « Da wird die Linse (10ᵈ) ziemlich genau 10 centimètres von dem *Hauptpunkte* des Auges entfernt sein ». Quant à moi je préfère la coïncidence de F' avec f^1, et j'en ai donné les raisons.

nées par chaque méridien principal, sont dans deux plans
différents, et d'autant plus distants l'un de l'autre que l'As.
est plus forte et la lentille plus faible. Ces deux images sont
donc inégalement rapprochées de l'observateur, et par conséquent, *quand elles sont égales elles lui paraissent inégales* ;
il faut donc éloigner la lentille de la cornée de l'œil réduit
d'une distance un peu supérieure à sa longueur focale ; alors
les 2 images de la papille données par les 2 méridiens principaux deviennent inégales, celle du méridien le plus réfrin-

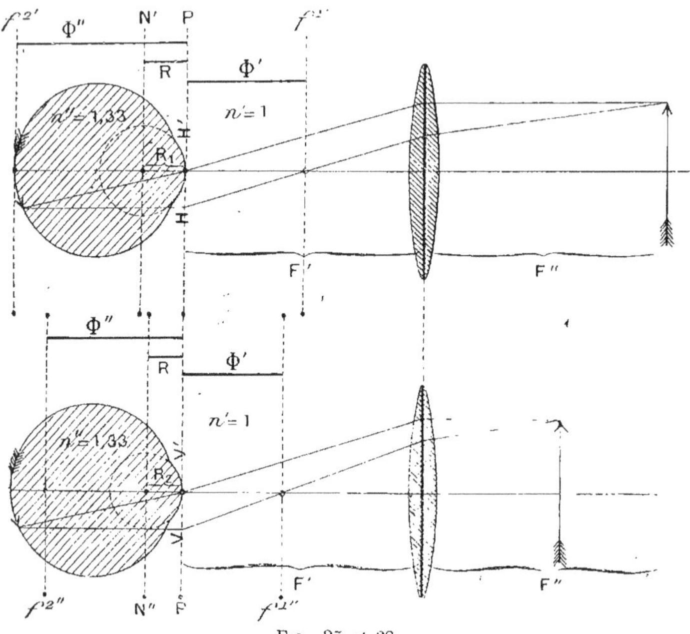

FIG. 37 et 38.

gent augmente, celle du méridien le moins réfringent diminue, et c'est seulement quand l'inégalité de grandeur des
images compense leur inégalité de distance qu'elles paraissent égales à l'observateur ; c'est sous cette réserve qu'on
peut utiliser pour le diagnostic de l'As. la citation suivante
empruntée à Giraud-Teulon :

« Ovale à grand axe horizontal dans un certain sens (celui
du méridien à minimum de réfringence) lorsqu'une faible
distance sépare la lentille du point principal de l'œil (réduit),

l'image devient circulaire quand cette distance est égale à la longueur focale de la lentille ; à une distance plus grande, la direction du grand axe de l'ovale change et est désormais perpendiculaire à cette direction.

« Lorsque la lentille est tout près de l'œil, le diamètre le plus grand de l'ovale appartient au méridien le moins réfringent. De cette position à celle ci-dessus désignée, où l'image est circulaire, les différents diamètres de l'image ont ou grandi ou décru. Ceux qui ont grandi révèlent des méridiens myopes, ceux qui ont décru des méridiens hypermétropes.

» Si les deux méridiens opposés ou principaux ont décru ou grandi à la fois, celui qui a décru ou grandi plus vite appartient au méridien le plus amétrope.

» Au-delà de la distance pour laquelle l'image est circulaire, les rapports sont intervertis et l'observation des nouveaux rapports devra confirmer les résultats précédents ». (Giraud-Teulon).

Avec un peu d'habitude, ce procédé permet de faire le diagnostic de toute astigmie supérieure à 2^d ; mais il faut pour cela plusieurs conditions qui ne sont pas toujours réalisées.

La première, et la plus importante, c'est que la pupille soit suffisamment large. En effet, en mettant la lentille à une distance du plan pupillaire tantôt supérieure, tantôt inférieure à sa distance focale, il faut toujours que l'image virtuelle ou réelle de la pupille produite par la lentille objective soit plus grande que l'image du disque optique, autrement il serait impossible d'apprécier les variations de forme de celui-ci. Or nous savons que l'image de la pupille ne disparaît que si le foyer de la lentille coïncide à peu près avec le plan pupillaire ; l'image ophtalmoscopique est alors aussi grande que la lentille elle-même, pourvu que celle-ci reçoive des rayons sur toute l'étendue de sa surface, condition réalisée avec le miroir plan et les miroirs concaves à long foyer. En deçà ou au delà de cette position déterminée, l'image de la pupille apparaît et devient d'autant plus petite que l'on s'éloigne davantage en deçà ou au delà de cette position.

En outre, pour apprécier plus facilement ces variations de forme, il est bon d'avoir un grossissement assez grand, que l'on obtiendra avec une lentille de 12^d ; mais alors le champ d'observation diminue, et pour peu que l'on s'éloigne du point spécial où le foyer de la lentille coïncide avec le plan pupillaire, l'image de la pupille deviendra rapidement plus petite que l'image du disque optique.

Pour ces deux raisons, ce procédé sera surtout applicable avec des pupilles naturellement larges, ou dilatées artificiellement par l'atropine.

Une troisième condition indispensable (si on n'examine pas avec un ophtalmoscope fixe), c'est que la lentille soit tenue bien droite normalement à l'axe du faisceau des rayons émergents de l'œil observé, autrement on produirait artificiellement de l'astigmie qui pourrait augmenter ou diminuer celle de l'œil observé. On sera assuré que la lentille est tenue bien droite quand les deux reflets de ses surfaces antérieure et postérieure coïncideront.

En examinant par ce procédé les variations de forme de la papille, on constatera en outre que l'on voit net tantôt certains vaisseaux, tantôt d'autres à direction opposée, selon que l'on rapproche ou que l'on éloigne davantage la lentille, ou selon que, la lentille restant immobile, l'observateur s'éloigne ou se rapproche de l'image renversée.

IV. — Procédé de l'image droite.

Cette méthode consiste à trouver le numéro du verre qui fait voir net le fond de l'œil à l'observateur supposé E (ou rendu tel) et sans accommodation. Ce verre corrige alors l'amétropie de l'observé ; il en mesure le degré pour le point spécial où il se trouve. Or, nous avons vu plus haut (p. 22 et fig. 18) qu'en pratique l'amétropie a pour mesure l', distance du remotum positif ou négatif au foyer antérieur f' de l'œil, là où sont placés les verres de lunettes. Si donc le correcteur est en f' de l'œil son foyer $F = l'$ (fig. 18) et ce verre est identique à celui donné par l'examen subjectif ; c'est celui des lunettes du sujet pour voir de loin.

Mais si l'on détermine l'amétropie en plaçant le correcteur derrière le réflecteur de l'ophthalmoscope, ce correcteur sera forcément au delà de f' de l'œil, et à une distance de f' que nous désignerons par d. Dans ces conditions, le correcteur aura comme longueur focale $F = l' - d$ pour le M, et $F = l'$ + d pour l'H. Le verre indiqué par l'examen objectif sera donc plus fort pour le M, plus faible pour l'H. que celui donné par l'examen subjectif.

Cette cause d'erreur, négligeable pour les degrés faibles d'amétropie (de 1 à 4ᵈ) devient importante pour les degrés moyens (de 4 à 8ᵈ) et vraiment énorme pour les degrés forts (de 8ᵈ à 20ᵈ).

Le tableau suivant indique pour les degrés d'amétropie $\pm$ 4, 5, 6, 8, 10. 12, 15 et 20ᵈ la différence qui existe entre le vrai correcteur de l'amétrope, placé en f' (marqué en chiffres gras), et les correcteurs de plus en plus forts (M) ou de plus en plus faibles (H) placés successivement à 1, 2, 3, 4, 5 centimètres au delà de f'. J'estime d'ailleurs que les chiffres de la colonne 5 constituent un maximum d'erreur facile à éviter, car celui qui tient le correcteur de l'ophthalmoscope à 5 centimètres au delà de f' de l'observé manque d'habileté ou de connaissance théorique. Ce sont les chiffres des colonnes 2 et 3 qui conviennent à la majorité des observateurs, qui placent ainsi les correcteurs respectivement à 20 et à 30ᵐᵐ environ au delà de f'. On voit que les différences relevées dans ces deux colonnes entre le correcteur vrai (placé en f') et celui de l'ophthalmoscope sont encore importantes pour les degrés élevés d'amétropie, et qu'elles sont plus fortes pour le M. que pour l'H.

On obviera à cette cause d'erreur en plaçant dans les lunettes d'essai un verre (par ex. $\pm$ 5, 10, 15) qui corrige en partie l'amétropie forte et la transforme en amétropie faible, où l'erreur qui résulte de la non-coïncidence du correcteur de l'ophthalmoscope avec f' de l'observé devient négligeable.

Ce mode d'examen à l'image droite que j'ai recommandé autrefois dans des publications parues en 1880 et 1881 s'apprend très aisément. C'est le seul qui permette à l'image droite de rester une méthode optométrique applicable à tous les cas.

Numéro en dioptries du correcteur négatif du M ou positif de l'H. supposé placé d'abord en f^1 (chiffres gras), puis successivement à 1, 2, 3, 4, 5 cm. au-delà de f^1

	f^1	1	2	3	4	5
—	**4**	4,17	4,35	4,5	4,76	5
—	**5**	5,26	5,55	5,88	6,25	6,66
—	**6**	6,39	6,82	7,32	7,89	8,57
—	**7**	7,53	8,14	8,86	9,72	10,77
—	**8**	8,7	9,52	10,53	11,76	13,33
—	**10**	11,11	12,5	14,29	16,66	20
—	**12**	13,64	15,79	18,75	23	30
—	**15**	17,65	21,43	27,27	37,5	60
—	**20**	25	33,33	50	100	∞
+	**20**	16,66	14,29	12,5	11,12	10
+	**15**	13,04	11,54	10,34	9,38	8,57
+	**12**	10,71	9,68	8,82	8,11	7,5
+	**10**	9,01	8,34	7,69	7,14	6,66
+	**8**	7,41	6,81	6,45	6,01	5,71
+	**7**	6,54	6,14	5,79	5,47	5,19
+	**6**	5,66	5,36	5,09	4,84	4,62
+	**5**	4,76	4,55	4,35	4,17	4
+	**4**	3,85	3,71	3,57	3,45	3,33

Distance en mm. du correcteur au remotum positif du M. ou négatif de l'H., d'abord pour sa position en f^1 (chiffres gras), puis pour ses positions successives à 1, 2, 3, 4, 5 cm. au-delà de f^1.

		f^1	1	2	3	4	5
+	R =	**250**	240	230	220	210	200
+	R =	**200**	190	180	170	160	150
+	R =	**166**	156	146	136	126	116
+	R =	**142**	132	122	112	102	92
+	R =	**125**	115	105	95	85	75
+	R =	**100**	90	80	70	60	50
+	R =	**83**	73	63	53	43	33
+	R =	**66**	56	46	36	26	16
+	R =	**50**	40	30	20	10	0
—	R =	**50**	60	70	80	90	100
—	R =	**66**	76	86	96	106	116
—	R =	**83**	93	103	113	123	133
—	R =	**100**	110	120	130	140	150
—	R =	**125**	135	145	155	165	175
—	R =	**142**	152	162	172	182	192
—	R =	**166**	176	186	196	206	216
—	R =	**200**	210	220	230	240	250
—	R =	**250**	260	270	280	290	300

Le *diagnostic* de l'astigmie à l'image droite repose sur deux faits principaux : la forme de la papille et la différence de netteté des vaisseaux. Sa *mesure* consiste à voir net tout le contour de la papille (quelle que soit sa forme anatomique, ovalaire ou ronde) et à bien voir le double contour de tous les vaisseaux, quelle que soit leur direction.

L'œil astigmique, agissant comme une loupe d'un foyer plus court dans un méridien principal que dans l'autre, donne le plus fort grossissement dans le méridien le plus réfringent. Cette différence, peu appréciable tant que l'observateur se tient très près de l'observé, s'accuse davantage quand l'observateur s'éloigne de quelques centimètres. En voici la raison : Nous savons qu'à l'image droite le grossissement est de 14 environ chez l'E., et qu'il est constant, c'est-à-dire indépendant de la position de l'observateur.

Mais en cas d'Am. axile (le correcteur de l'ophtalmoscope étant forcément au delà de f^1), il en résulte que chez l'H le grossissement est < 14, d'autant plus petit que l'H. est plus forte et le correcteur dont se sert l'observateur plus éloigné de f^1 de l'observé (V. p. 28.).

Chez le M., il est > 14, d'autant plus grand que la M. est plus forte et le correcteur plus éloigné de f^1.

Si nous avons affaire à une astigmie myopique simple, par exemple H H' $= $ E, V V' $=$ M. de 3$_d$, il est clair que le grossissement donné par H H' ne variera pas, tandis qu'il augmentera suivant V V' au fur et à mesure qu'on s'éloigne de l'observé, d'où papille elliptique à grand axe vertical.

Si l'astigmie est myopique composée, le grossissement augmentera dans les deux méridiens, quand on recule, mais il augmente plus vite dans le méridien le plus réfringent ou le plus myope, d'où déformation de la papille.

Avec l'astigmie hypermétropique les phénomènes sont inverses. Si c'est de l'astigmie hypermétropique simple, le méridien emmétrope, par exemple le vertical, donne un grossissement constant, tandis que l'horizontal étant hypermétrope donnera un grossissement de plus en plus faible à mesure que l'on s'éloignera ; d'où papille à grand axe vertical. Si c'est de l'astigmie hypermétropique composée, le grossissement diminuera plus vite dans le plus hypermétrope, d'où encore une papille elliptique.

Mais c'est dans l'astigmie mixte que ce phénomène sera le plus accusé. Soit en effet un As mixte V V' $- 3^d$, H H' $+ 2^d$: H H étant hypermétrope donne un grossissement < 14 ; V V' étant myope donne un grossissement > 14 (le correcteur étant toujours supposé au delà de f^1).

Il y a donc ici deux facteurs, qui s'ajoutent l'un à l'autre, pour que la papille devienne franchement elliptique à mesure que l'on s'éloigne de l'œil. Plus on recule, plus le grossissement du méridien myope augmente, plus celui du méridien hypermétrope diminue. Le moindre mouvement en arrière diminue le petit axe de la papille et augmente son grand axe, deux raisons pour qu'elle devienne rapidement très elliptique.

Cette altération dans la forme de la papille, tenant à une différence de grossissement, sera d'autant plus prononcée que le grossissement sera plus fort, et il va de soi que pour un même degré d'astigmie elle sera plus accusée dans l'astigmie myopique que dans l'astigmie hypermétropique, parce que dans le premier cas l'œil fait l'office d'une loupe plus forte que dans le second.

Mais cette déformation du disque optique n'est pas le point de repère principal. Il faut, bien entendu, en tenir compte, mais *le caractère le plus important est la différence de netteté des vaisseaux*. C'est lui surtout qu'il faut interroger pour diagnostiquer les degrés faibles et pour déterminer exactement le verre correcteur.

Cette détermination est relativement aisée avec mon ophtalmoscope qui, indépendamment des verres sphériques concaves et convexes, contient des cylindres avec lesquels on peut mesurer toutes les variétés et degrés d'As.

Je prends un exemple d'astigmie mixte ; soit V V′ — 4^d et H H′ + 1^d. Je fais passer dans l'ophtalmoscope + 1^d, avec lequel je vois nettement le double contour des vaisseaux verticaux (1) ; avec + 2^d je vois moins bien ces mêmes vaisseaux ; l'hypermétropie du méridien horizontal est donc bien 1. Le méridien le moins réfringent une fois déterminé, je place l'axe des cylindres concaves perpendiculairement aux vaisseaux nettement perçus, et je tourne le disque des verres cylindriques, jusqu'au moment où je vois distinctement les vaisseaux horizontaux ; dans l'exemple je m'arrêterai au cyl — 5^d.

En même temps que les vaisseaux horizontaux sont devenus nets, le bord supérieur et le bord inférieur de la papille, d'abord troubles et confus, sont devenus nets aussi et la papille primitivement elliptique est devenue ronde ou à peu près ronde, à contour bien délimité. Jamais cependant elle ne sera tout à fait ronde, si elle est anatomiquement ronde, à cause de la distance qui existe entre le cylindre correcteur et la cornée.

Que les méridiens principaux soient droits ou obliques, cela est indifférent, puisque l'ophtalmoscope permet de placer l'axe des cylindres dans toutes les directions (Voy. fig. 42).

D'une façon générale, on va à la recherche du méridien le

______

(1) Je rappelle qu'on voit les vaisseaux verticaux nets au moyen du méridien horizontal et *vice versa*.

moins réfringent, par conséquent du plus hypermétrope, s'ils sont tous les deux hypermétropes, du moins myope, s'ils sont tous les deux myopes ; le méridien le moins réfringent, étant rendu emmétrope par le sphérique correcteur, il suffit de faire passer les différents cylindres concaves pour corriger le méridien le plus réfringent. On détermine ainsi le degré d'astigmie en quelques minutes.

Règles à observer pour l'optométrie à l'image droite.

Je les énumère brièvement :

1° Il y a une importance capitale à tenir le correcteur de l'ophtalmoscope aussi près que possible du foyer antérieur f^1 de l'observé. L'erreur qui résulte de leur non-coïncidence est telle dans l'amétropie forte que celle-ci n'est plus mesurable par ce procédé. Il faut d'abord avec un verre $+$ partiellement neutralisant transformer l'amétropie forte en amétropie faible ne dépassant pas 3 à 4^d.

2° Les yeux suivant l'état de réfraction (depuis H $+$ 10 jusqu'à M $-$ 20^d) présentent une grande différence de longueur d'axe optique, et par suite pour une même incidence des rayons venant du réflecteur l'image de la source lumineuse sera ou nette ou très différemment diffuse. Or une condition avantageuse est d'avoir sur la rétine de l'observé un champ d'éclairage suffisamment grand pour comprendre un peu plus que tout le disque optique, mais pas beaucoup plus grand, parce qu'autrement l'image rétinienne serait insuffisamment brillante. Si donc, quelle que soit la réfraction de l'observé, on veut toujours avoir à peu près le même champ d'éclairage sur la rétine, l'inégalité d'axe optique des yeux amétropes (H ou M) demandera une incidence différente des rayons, et par suite l'emploi de plusieurs miroirs. C'est dans ce but qu'en 1883, j'ai fait construire le modèle ci-contre qui contient 3 miroirs : 1 plan et 2 concaves, de 20 et de 8 centimètres de foyer. Si la source lumineuse est à 20 centimètres du réflecteur, le miroir plan donne des rayons divergents, le concave de 20 des rayons à peu près parallèles, et celui de 8 des rayons convergents.

On obtient le même résultat avec un autre modèle que j'ai

fait construire en 1889 et qui se compose de deux lentilles L — 25^d et L' + 25^d, celle-ci bleutée. En position I, L et L' sont en contact et le miroir reste plan. En éloignant L' de L on obtient un miroir concave de force progressivement croissante et finalement égale à 8 centimètres de foyer, quand L' atteint l'extrémité de sa course, position II. (fig. 39).

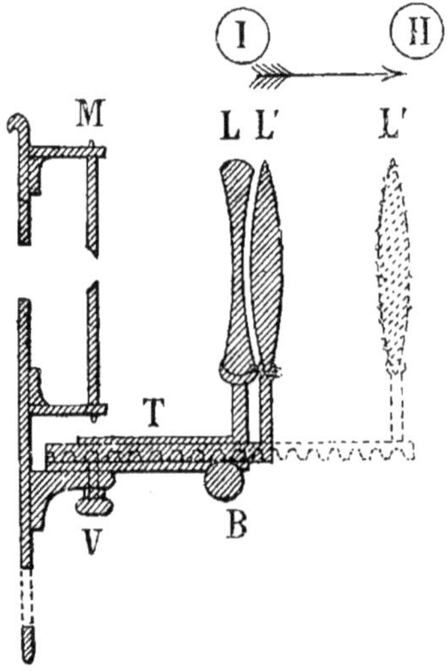

Fig. 39.

3° L'ouverture du réflecteur mesurera 3 mm. environ. Les miroirs troués en verre étamé sont généralement mauvais. Non taillés en biseau ils occasionnent un reflet gênant; taillés en biseau, le trou devient énorme, car le biseau est fait aux dépens de la surface étamée ou réfléchissante. Pour les miroirs en acier c'est l'inverse, et ils sont généralement bons.

Au lieu d'une ouverture circulaire centrale, on pourra aussi regarder le fond de l'œil à travers des ouvertures multiples,

Fig. 40 et 41.

en forme de petits cercles ou de bandes parallèles, rappelant les ouvertures des optomètres de Scheiner (1619), ou de Young (1801). Ces miroirs, que j'ai décrits antérieurement, utilisent sensiblement la moitié de la lumière émergente (d'où meilleur éclairement de l'image) et facilitent l'adaptation exacte pour les petits vaisseaux du fond de l'œil, en particulier pour ceux qui se dirigent du disque optique vers la macula.

Enfin l'observateur astigmique emploiera avec avantage comme réflecteur un *cylindre convexe étamé*, oblique de 40° environ, et rotatif dans sa monture, pour corriger le méridien le moins réfringent de chaque œil, si l'As est égale des deux côtés. Le numéro du cylindre sera la moitié seulement du degré de l'As., à cause de l'obliquité de 40° qui double sa force.

4° Pour éviter l'astigmie d'incidence (qui croît avec la force dioptrique du correcteur sphérique ou cylindrique employé et avec son obliquité), on tiendra le correcteur bien perpendiculaire à l'axe du faisceau des rayons émergeant de l'œil observé. Conséquemment *le réflecteur doit toujours être oblique par rapport au plan de l'ophtalmoscope*. Cette obliquité peut d'ailleurs varier suivant la position de la source lumineuse. J'en fixerai les limites à 25° comme minimum et à 45° comme maximum. Elle n'atteindra 56° que si l'on veut, comme Helmholtz, utiliser l'angle de la polarisation par réflexion pour diminuer le reflet cornéen. (V. note p. 68).

5° L'ophtalmoscope contiendra une série complète de verres sphériques et cylindriques, autant que possible sans combinaison pour les numéros faibles et moyens. Ces verres auront un diamètre notablement supérieur au diamètre pupillaire moyen.

Comme spécimen d'ophtalmoscope à réfraction, je reproduis ici celui que j'ai fait construire en 1889. Il contient 30 sphériques, par demi-dioptrie jusqu'à ± 5, puis par dioptrie jusqu'à ± 10. Deux autres sphériques ± 10 donnent, par combinaison avec les précédents jusqu'à ± 20. Il contient en outre 11 cylindres concaves et 11 cylindres convexes, à axes croisés. La plaque qui supporte les 3 petits miroirs (1 plan et 2 concaves) est mobile. Dès qu'elle est enlevée, l'ophtalmoscope peut servir d'optomètre subjectif, car il contient presque tous les verres sphériques et cylindriques de la boîte d'essai.

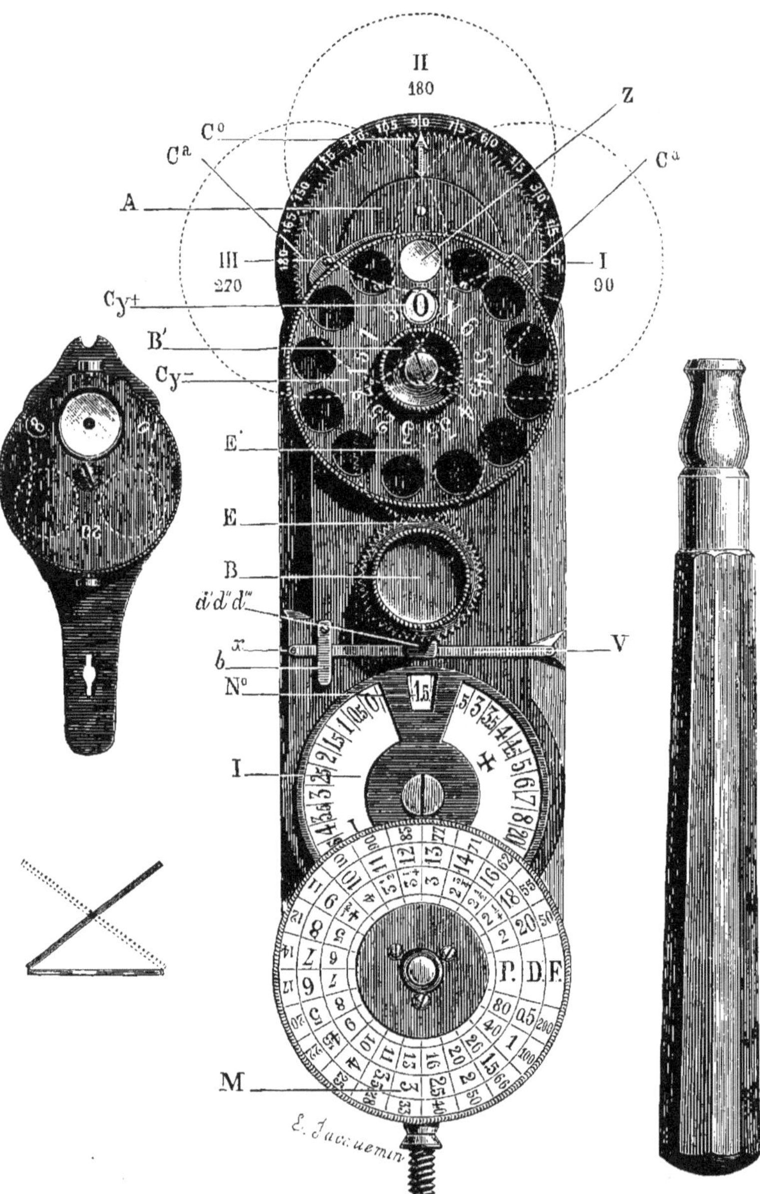

Fig. 42. — Ophtalmoscope à réfraction du Dr Parent (1889).

Pour comprendre la nécessité de ne pas incliner le correcteur, il suffit de regarder le tableau suivant dont la partie gauche indique l'effet d'un sphérique de + 1ᵈ, tourné autour d'un axe vertical. Je rappelle que le foyer du méridien vertical coïncide avec la ligne focale horizontale et réciproquement.

Angle d'inclinaison	Distance en mm. de la ligne focale horizontale	Distance en mm. de la ligne focale verticale	Équivalent eu verres sphéro-cylindriques axe vertical		Angle d'inclinaison	Effet d'un verre cylindrique de 1ᵈ tourné autour de son axe
5°	998	990	1ᵈ002 sph. et 0ᵈ007 cyl.		5°	1,009 cyl.
10°	990	960	1,009	— 0,032	10°	1,041
15°	977	912	1,023	— 0,073	15°	1,096
20°	961	848	1,040	— 0,138	20°	1,178
25°	939	771	1,065	— 0,231	25°	1,296
30°	913	685	1,094	— 0,365	30°	1,459
35°	884	593	1,130	— 0,554	35°	1.684
40°	852	500	1,173	— 0,827	40°	2,000
45°	816	408	1,224	— 1,224	45°	2,448
50°	778	321	1,285	— 1,825	50°	3,110

D'après la partie gauche du tableau on trouvera la combinaison sphéro-cylindrique correspondant à un verre sphérique quelconque en multi-pliant par le numéro du verre les chiffres donnés par la table. Ainsi, si nous tournons le verre 10ᵈ de 30° autour d'un axe situé dans son plan, nous pro-duisons l'effet d'un sphérique de 11ᵈ, combiné avec un cylindrique de 3ᵈ,50. Si c'est autour de l'axe vertical que la rotation s'est produite, (condition ha-bituelle des ophtalmoscopes dont le réflecteur est dans un plan parallèle à celui du correcteur), ce sphérique 10ᵈ agira comme 11ᵈ dans le méridien ver-tical, et comme 13,50 dans le méridien horizontal.

En résumé, on voit qu'à mesure que l'inclinaison du sphérique augmente, sa double action sphérique et cylindrique s'accroît proportionnellement, l'action cylindrique croissant plus vite que la sphérique.

La partie droite du tableau indique l'effet d'un verre cylindrique de 1ᵈ, tourné autour de son axe. On voit qu'avec une inclinaison de 40° cet effet est doublé.

V. — Optométrie par la skiascopie.

En voici le principe : supposons l'observateur à 1ᵐ de l'ob-servé et la lampe près de ce dernier. Après réflexion sur le miroir concave $M^1 N^1$ (fig. 43) une partie des rayons pénètrent dans l'œil de l'observé et forment sur sa rétine une image I^1 de la source éclairante ; cette image sera nette ou diffuse sui-vant que l'observé sera adapté ou non pour l'image catoptri-que L^1 de L. Faisons maintenant pivoter le miroir de $M^1 N^1$ en $M^2 N^2$, l'image sur la rétine passe de I^1 en I^2, autrement dit, avec le *miroir concave* l'image de la source éclairante

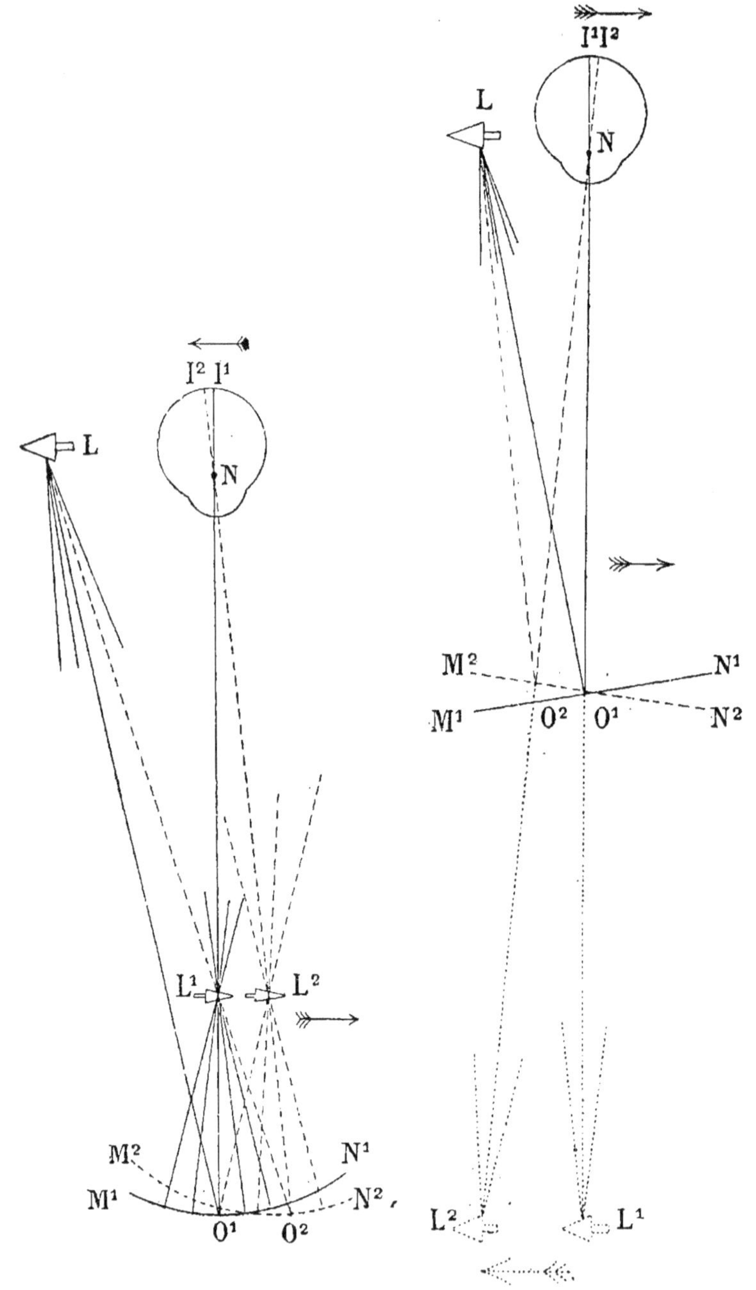

Fig. 43.

Fig. 44.

sur la rétine de l'observé se déplace en *sens inverse* du miroir.

Au contraire, avec le *miroir plan* l'image de la lampe sur la rétine se déplace dans le *même sens* que le miroir (voir la fig. 44). Par suite, les phénomènes constatés dans le procédé d'examen de Cuignet seront opposés entre eux, si, pour un même œil, on emploie successivement le miroir concave, puis le miroir plan. Pour plus de simplicité, dans ce qui va suivre, *nous supposerons que le miroir employé est plan.*

Maintenant, à travers les milieux dioptriques de l'œil, comment verrons-nous le déplacement de I^1 en I^2 (fig. 44)? De deux façons seulement : 1° si ces milieux dioptriques nous donnent de la partie éclairée de la rétine une image droite et virtuelle (H., E., et même M. faible, dont le *remotum* est en arrière de l'observateur), nous verrons le phénomène tel qu'il se passe en réalité, et par conséquent l'image nette ou diffuse de la lampe sur la rétine suivre le mouvement du miroir : *mouvement de même sens ou direct*; 2° si, au contraire, nous avons du fond de l'œil une image réelle et renversée (condition réalisée par tous les yeux myopes dont le remotum est en avant de l'observateur), le mouvement de l'image de la lampe sur la rétine nous apparaîtra renversé, et par conséquent *inverse du mouvement du miroir.*

Au lieu d'observer le déplacement de la partie éclairée de la rétine, vue en image droite ou renversée, on peut également ment prendre comme point de repère le déplacement apparent de l'ombre qui limite la partie éclairée, et la suit au fur et à mesure que celle-ci change de place en rapport avec les mouvements du miroir. Il est clair qu'au point de vue théorique l'un et l'autre reviennent au même.

Mais à quoi est due cette ombre qui apparaît dans le champ pupillaire quand nous faisons pivoter le miroir de gauche à droite ou réciproquement? Pour l'expliquer, je rappellerai un point de la théorie de l'ophtalmoscope :

Quand on éclaire un œil avec un miroir, la partie de la rétine de l'observé visible pour l'observateur pour une distance donnée est ce qu'on nomme son *champ d'examen* ou son *champ visuel ophtalmoscopique ; il correspond à l'image diffuse de la pupille de l'observateur sur la rétine de l'observé.* Cette expression (champ d'examen) désigne donc l'étendue du fond de l'œil que l'observateur peut embrasser ou voir d'un seul coup quand elle est totalemennt éclairée ; c'est en somme la seule partie de la rétine de l'observé dont l'observateur puisse recevoir des rayons. Deux cas peuvent alors se présenter : si cette partie de la rétine est éclairée en totalité l'observateur n'aperçoit pas d'ombre ou de région obscure ; si elle n'est éclairée qu'en partie il aperçoit une ombre ou région obscure.

Cette prétendue ombre n'est donc autre chose que la partie de la rétine de l'observé (inscrite dans notre champ visuel ophtalmoscopique) qui était éclairée d'abord, mais ne l'est plus et par suite apparaît obscure quand, par un mouvement du miroir, nous déplaçons l'image nette ou diffuse de la lampe sur la rétine de l'observé. Cette ombre correspond ainsi à la partie non éclairée ou obscure du champ d'examen de l'observateur sur la rétine de l'observé.

Ceci, en effet, découle de la deuxième proposition de la théorie de l'ophtalmoscope par Helmholtz : « Pour que la pupille de l'œil observé paraisse lumineuse il faut que, sur la rétine de cet œil, l'image de la source lumineuse coïncide au moins en partie avec celle de la pupille de l'observateur » (*Opt. physiol.*, p. 232).

Il résulte de cette proposition que : dès qu'il n'y a plus coïncidence complète entre l'image de la source lumineuse, sur la rétine de l'observé et l'image de la pupille de l'observateur sur cette même rétine, ou bien, pour exprimer le même fait d'une autre manière, *dès que le champ d'examen de l'observateur sur la rétine de l'observé n'est plus entièrement recouvert par l'image nette ou diffuse de la source éclairante, une ombre apparaît, et son étendue correspond à la partie non éclairée ou obscure du champ d'examen.*

Donnons maintenant quelques exemples pour mieux faire comprendre ce procédé d'optométrie.

Je suppose d'abord le miroir plan, l'observateur à 1^m de l'observé, les mouvements de la lueur oculaire (ou de l'ombre qui la limite) inverses de celui du miroir. Il n'y a aucun doute possible ; on a affaire à une image réelle et renversée de la partie éclairée de la rétine ; donc myopie supérieure à 1 dioptrie. On déterminera le degré de cette myopie en mettant devant l'œil des verres négatifs de plus en plus forts jusqu'à ce que le mouvement de la lueur oculaire devienne direct avec celui du miroir. A ce moment, l'image du fond de l'œil est devenue virtuelle et droite et la myopie est à peu près corrigée.

Je suppose maintenant que le mouvement de l'ombre est direct avec celui du miroir plan ; l'image du fond de l'œil est alors virtuelle (H. E. ou M. plus petite que 1 D.). Pour différencier ces trois cas procéder comme il suit :

1° Avec + 0,50 le mouvement de l'ombre devient inverse ; c'est qu'il y avait déjà une M. d'au moins 0,50.

2° Avec + 0,50 le mouvement de l'ombre reste direct, mais avec + 1 D. il devient inverse : l'œil était E. ou à peu près.

3° Avec 1 + D., le mouvement reste inverse : H. certaine. On met alors des verres convexes de plus en plus forts jusqu'à ce que le mouvement devienne inverse. Ce verre diminué de 1 D. (ou $N_d - 1$) donne à peu près le degré de l'H.

En somme, le procédé consiste à voir avec quel verre (N^d) le remotum de l'observé arrive à 1^m environ. $N^d + 1$ exprime alors le degré de M. et $N^d - 1$ le degré d'H.

Intensité de l'ombre et amplitude de son déplacement apparent. — Une particularité à noter à cause de son importance dans la pratique c'est que l'ombre (qui limite la partie éclairée et la suit quand celle-ci change de place avec les mouvements du miroir) est d'autant plus foncée et sa marche d'autant plus lente que l'amétropie est plus prononcée.

De ces deux caractères le premier est dû à ce que l'image de la source éclairante est plus ou moins nette ou diffuse sur la rétine, selon la réfraction de l'œil examiné. Quand l'image est nette, ou à peu près, elle éclaire à demi par rayonnement la partie environnante de la rétine et elle n'est entourée que d'une *pénombre*. L'image diffuse, au contraire, éclaire peu les parties adjacentes de la rétine qui se trouvent ainsi dans une *ombre* véritable. L'intensité de cette ombre devient proportionnelle à la diffusion de l'image, et par conséquent proportionnelle au degré de l'amétropie, si le miroir est plan. En effet, le réflecteur $M^1 N^1$ étant à 1^m, la source lumineuse — c'est l'image catoptrique L^1 de L, fig. 44 — est à 2^m, et par suite l'image rétinienne I¹ est au maximum de netteté chez le M de 0,50.

On peut s'assurer facilement de tout ceci en examinant à l'image droite et avec des rayons à peu près parallèles un œil emmétrope devant lequel on place successivement des verres convexes et concaves.

Quant à l'intensité lumineuse de la pupille elle est en raison inverse de la diffusion de l'image rétinienne.

Le deuxième caractère (marche plus ou moins rapide de l'ombre) est dû à ce que l'amplitude du déplacement de l'image est d'autant plus faible que le degré de l'amétropie est lui-même plus élevé. Que l'on ait une image virtuelle d'H. forte ou une image réelle de M. forte, le phènomène sera le même (voir fig. 27, p. 43).

Zone ou parcours de mauvaise observation et point neutre d'observation. — En expliquant le procédé du déplacement apparent des vaisseaux nous avons vu que l'observateur étant à une distance D de l'observé, l'image du fond de l'œil est virtuelle pour l'H, l'E, et le M faible dont le remotum $R > D$; qu'elle est réelle pour le M dont le remotum $R < D$, et qu'il n'y a pas d'image pour le M dont le remotum $R = D$.

Il en sera de même avec le procédé de la skiascopie. Pour le M dont $R = D$, (1 mètre dans ma description), il n'y a pas d'image possible, puisque alors *la rétine de l'observé est le conjugué du centre de la pupille de l'observateur.* et par suite le champ visuel ophtalmoscopique est réduit à un point mathématique (1) ; on peut du moins, sans erreur appréciable, schématiser ainsi la chose. Ce lieu spécial, où il n'y a pas d'image possible, est le *point neutre d'observation* (fig. 31).

(1) « Pour choisir une limite déterminée du champ visuel ophtalmoscopique (champ d'examen), on peut prendre les lignes de visée de l'observateur, menées suivant le bord de la pupille de l'œil observé, et dont le point d'intersection se trouve au centre de la pupille de l'observateur. Si on traite ces lignes de visée, comme des rayons lumineux émis par le centre de la pupille de l'observateur, on trouve que le *champ visuel de l'observateur sur la rétine de l'observé, correspond à l'image de diffusion que donnerait, sur cette rétine, le centre de la pupille de l'observateur.* » Helmholtz. *Opt. Physiol.*, trad. Javal et Klein, p. 242.

Champs d'examen et d'éclairage dans l'amétropie sphérique.

La série des figures de I à VII représente le champ d'examen et le champ d'éclairage, respectivement pour l'E, l'H, le M, et en même temps quelques-uns des aspects constatés dans ce procédé d'examen.

Dans les figures I et II le miroir plan est supposé fixe ; dans les figures III, IV et V le miroir plan est supposé déplacé de gauche à droite, dans le sens de la grande flèche, et, par suite, l'image nette ou diffuse de la source lumineuse sur la rétine se déplace dans le même sens (voir plus haut, fig. 44, page 69 pour l'explication de ce fait).

Dans les figures de 1 à V, le *cercle plein désigne*, non pas la pupille de l'observé, mais bien *le champ d'examen de l'observateur sur la rétine de l'observé*, et, par suite, toute la partie de l'image de la lampe sur la rétine placée en dehors du cercle du champ d'examen est invisible pour l'observateur et indiquée en pointillé dans les figures.

La grandeur du champ d'examen varie d'ailleurs : avec le diamètre de la pupille de l'observateur ; — avec le diamètre de la pupille de l'observé ; — avec la réfraction de l'observé ; — avec la distance de l'observateur à l'observé. Il est d'autant plus petit que le remotum de l'observé se rapproche davantage de 1^m, distance à laquelle nous supposons placé l'observateur.

De même, les dimensions de la partie éclairée de la rétine, c'est-à-dire la grandeur du *champ d'éclairage*, varie avec : le diamètre de la pupille de l'observé, — son état de réfraction, — les dimensions de la source éclairante, — sa distance, — le miroir employé plan ou concave. Avec le miroir plan, la source lumineuse est en arrière de l'observateur, avec le miroir concave elle est en avant et par conséquent beaucoup plus près de l'observé. En effet, avec le miroir concave la source éclairante est l'image réelle L^1 de L (voir fig. 43, page 69) ; avec le miroir plan c'est l'image virtuelle L^1 de L (voir fig. 44). La diffusion de l'image variera donc avec le miroir employé, pour une même position de la source éclairante.

Champ d'éclairage et champ d'examen nous apparaissent d'ailleurs, à travers les milieux dioptriques de l'œil, en image droite ou renversée avec un grossissement qui varie avec l'état de réfraction de l'observé. Tant que l'image du fond de l'œil est droite, ce grossissement va de 7 à 8 fois chez l'H. fort, jusqu'à 14 fois environ chez l'E., mais quand l'image du fond de l'œil est réelle et renversée, ce grossissement peut dépasser 60 fois, comme chez le M. de 1^4 ; il diminue d'ailleurs à mesure que la myopie augmente. Ce sont ces deux causes : petitesse du champ d'examen, et grossissement énorme de l'image renversée du fond de l'œil qui rendent inapplicable, dans tous les cas de myopie faible, l'ancien procédé du déplacement apparent des vaisseaux, l'observateur étant placé au delà du remotum de l'observé.

Le procédé de Cuignet se montre ici préférable, quoique théoriquement il n'y ait aucune différence entre les deux modes d'examen. Dans l'un et l'autre, en effet, il s'agit de savoir si la partie éclairée de la rétine est vue en image droite ou renversée : pour cela, dans l'un, l'observateur se déplace par rapport à l'image droite ou renversée de la partie éclairée de la rétine (d'où déplacement apparent des vaisseaux direct ou inverse de celui de l'observateur) ; dans l'autre, l'observateur reste fixe et déplace, par un mouvement du miroir plan, la partie éclairée de la rétine, qui lui apparaît ensuite en image droite ou renversée (d'où mouvement de l'image rétinienne direct ou inverse de celui du miroir). Théoriquement les deux procédés reviennent donc au même ; mais le second est plus commode que le premier.

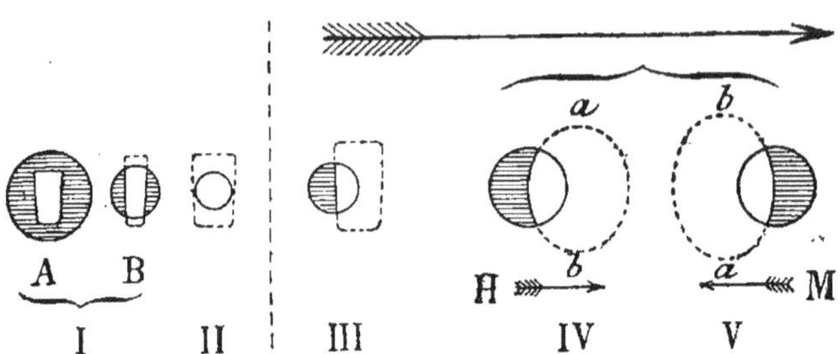

Dans la fig. I, A, l'observateur est supposé placé près de l'observé à 3 ou 4 cm. Dans ces conditions, si, en raison de la réfraction de l'observé, l'image de la lampe sur la rétine est peu diffuse, le champ d'examen est beaucoup plus grand que le champ d'éclairage (voir fig. I, A).

Mais à mesure que nous nous éloignons de l'observé, notre champ d'examen diminue rapidement ; bientôt l'image de la lampe sur la rétine en occupe la plus grande étendue, et à ce moment la pupille de l'observé PARAIT éclairée en son milieu, obscure à droite et à gauche (fig. I, B).

Je dis « PARAIT », car il est évident qu'elle est éclairée dans sa totalité, si petite que soit la quantité de lumière qui revienne du fond de l'œil. Mais, par une erreur d'optique bien connue, nous rapportons au plan pupillaire de l'observé ce que nous apercevons du fond de l'œil vu en image virtuelle ou réelle.

Maintenant éloignons-nous encore plus de l'observé, jusqu'à 1ᵐ. Notre champ d'examen devient alors si petit que l'image de la lampe lui sera supérieure en étendue, surtout si la lampe est d'un fort calibre ; le champ d'éclairage est alors plus grand que le champ d'examen.

Ainsi dans la figure II, l'image légèrement diffuse de la lampe sur la rétine recouvre et au delà le champ d'examen de l'observateur : toute la pupille de l'observé parait lumineuse ; ceci découle de la proposition II de Helmholtz citée plus haut.

Dans la figure III (Hypermétropie moyenne), l'observateur a fait pivoter le miroir de gauche à droite, dans le sens de la grande flèche. La coïncidence entre la partie éclairée de la rétine et le champ d'examen de l'observateur a cessé en partie, et par suite la pupille de l'observé apparait mi-éclairée, mi-obscure.

Dans les figures IV et V, l'image de la source lumineuse sur la rétine est devenue très diffuse (H. ou M. forte), et l'ombre qui la limite devient de plus en plus foncée et de plus en plus curviligne. L'image diffuse du centre de la pupille de l'observateur sur la rétine de l'observé, c'est-à-dire le champ d'examen, a grandi également. Suivant d'ailleurs que nous aurons du fond de l'œil une image droite ou renversée, nous aurons l'aspect de la figure IV (mouvement direct avec celui de la grande flèche ou du miroir = H.), ou celui de la figure V (mouvement inverse de celui du miroir = M.).

Légende des figures 1, 2 et 3, page 77. — Procédé de Cuignet : le miroir est plan et l'observateur est à 1ᵐ de l'observé, c'est-à-dire au remotum du myope de 1ᵈ.

Dans la figure 46, *le miroir plan étant tenu droit*, le champ d'examen de l'observateur (cercle plein) est entièrement couvert par l'image de la lampe sur la rétine (coïncidence complète) ; dans ces conditions toute la pupille de l'observé est lumineuse.

Dans les figures 47 et 48, *le miroir plan ayant pivoté de haut en bas*, l'image de la lampe sur la rétine a été déplacée de haut en bas : la coïncidence n'est plus que partielle, et, la partie du champ d'examen qui n'est plus éclairée nous apparaît obscure.

Dans la figure 47 (hypermétropie), l'image — I de O est droite, et, par conséquent son mouvement est direct avec celui du miroir plan.

Dans la figure 48 (Myopie), l'image + I de O est renversée dans le plan du remotum + PR, et son mouvement est inverse de celui du miroir plan.

Il va de soi que la partie ombrée qui est à gauche dans la figure 4, et à droite dans la figure 5, ne signifie nullement que la partie correspondante de la pupille de l'observé est en réalité obscure ; car de partie obscure ou d'ombre dans la pupille de l'observé il n'y en a pas et il ne peut y en avoir tant qu'il y a une partie de la rétine éclairée, si petite soit-elle. Il en résulte que dans les fig. 47 et 48, aussi bien que dans la figure 46, la pupille de *l'observé est entièrement éclairée* par la lumière émergente du fond de l'œil, mais elle ne *paraît pas entièrement lumineuse à l'observateur*, ainsi que cela a lieu dans la figure 46, parce que la partie gauche du champ d'examen sur la rétine de l'observé n'est plus éclairée (voir le haut des fig. 47 et 48), et qu'en conséquence la partie correspondante de la rétine de l'observateur, primitivement éclairée, devient obscure à son tour (voir le bas des fig. 46, 47 et 48 ; en 47 c'est la partie de la rétine de l'observateur située à droite de la *fovea centralis* qui ne reçoit plus de rayons, en 48 c'est la partie située à gauche).

Comme d'ailleurs le cerveau extériore les images normalement à la partie impressionnée de la rétine, on voit que, en définitive, l'image qu'a l'observateur de O sera extériorée sous une forme semblable à — I et à + I, et que cette image sera diffuse, parce que dans ce procédé l'observateur n'est généralement pas adapté pour le remotum négatif ou positif de l'observé (où sont + I et — I), mais *adapté pour le plan pupillaire de l'observé*.

Dans la figure 4, l'image virtuelle — I de O n'a pu être, faute d'espace suffisant, qu'imparfaitement représentée ; il faut se figurer les deux lignes à petits traits séparés divergentes, qui bordent le champ d'examen, comme partant du point nodal de l'œil observé.

Dans la figure 5, la ligne à traits séparés part de la partie inférieure du champ d'examen, et la ligne pointillée va du bord inférieur de la partie éclairée de la rétine au bord supérieur de son image renversée dans le plan du remotum + P. R, les deux lignes se croisant au point nodal. On voit que toute la partie de l'image renversée qui est en dehors du cercle plein (image renversée du champ d'examen dans le plan + PR) est invisible pour l'observateur, lorsque le miroir a passé de M¹ N¹ en M² N².

On remarquera l'analogie de la fig. 46 avec la fig. II (page 75), celle de la fig. 47 avec la fig. IV (page 75), enfin celle de la fig. 48 avec la fig. V (page 75). Ce sont les mêmes faits présentés de deux manières différentes.

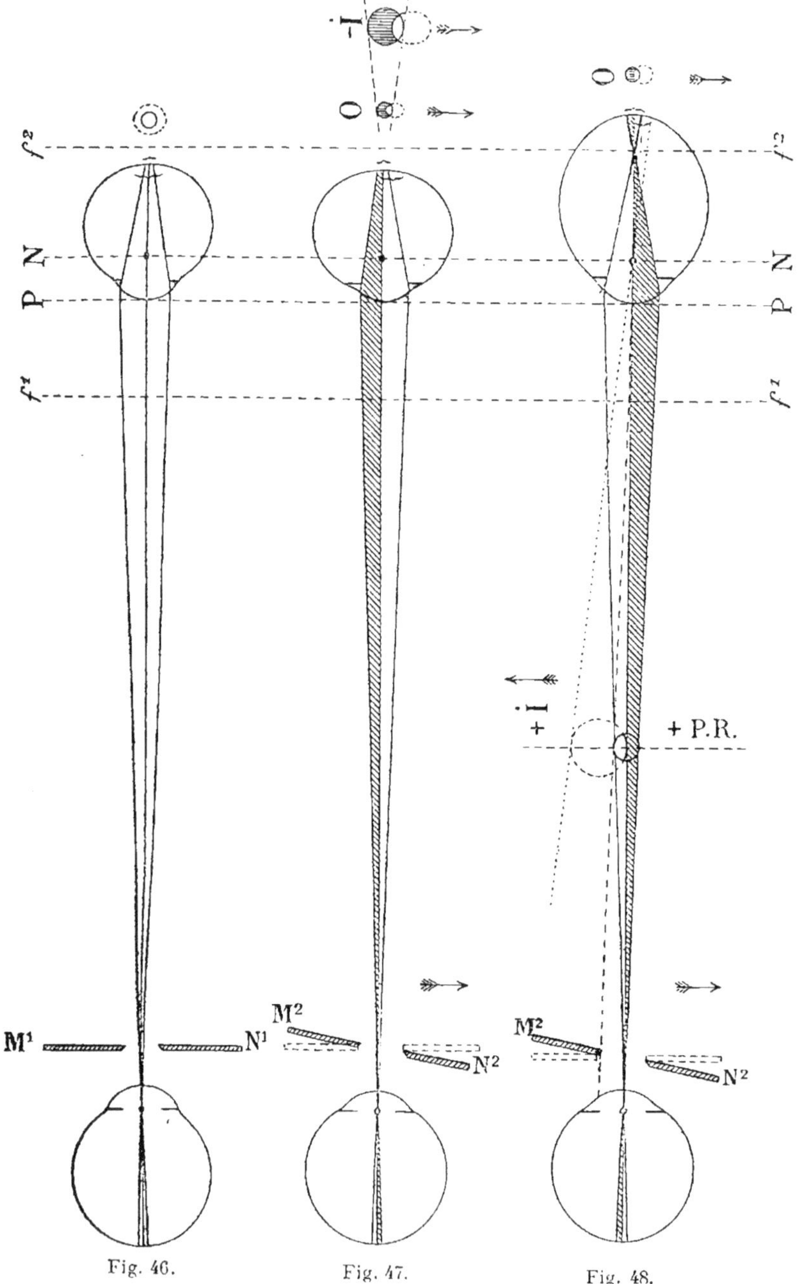

Fig. 46.

Fig. 47.

Fig. 48.

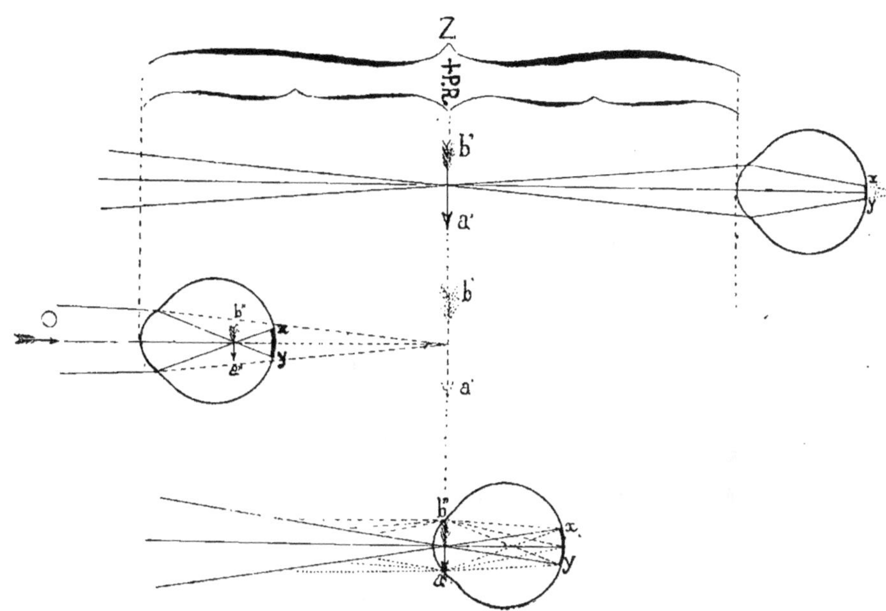

Légende des fig. 49, 50, 51 : + PR est le remotum de l'observé et *a'b'* son
image réelle et renversée. Z est la zone de mauvaise observation, et voici
pourquoi :

a) L'observateur reçoit les rayons en divergence trop forte (fig. 49). Trois
cas sont à considérer :

Le remotum ou l'image renversée de la rétine de l'observé : 1° est au delà ;
2° coïncide avec ; 3° est en deçà du foyer antérieur de l'observateur. Il en
résulte que le cercle de diffusion *x y* donné par chaque point de l'image *a' b'*
sur la rétine de l'observateur est : 1° plus petit que ; 2° égal à ; 3° plus grand
que la pupille de l'observateur.

b) L'observateur reçoit les rayons en convergence trop forte, d'autant plus
forte qu'il se rapproche du remotum, d'où des cercles de diffusion énormes
pour chaque point de l'image (fig. 50).

c) Au milieu de cette zone est le point neutre d'observation, où il n'y a
aucune image possible, et qui est obtenu par la coïncidence du remotum de
l'observé avec le plan pupillaire de l'observateur (fig. 51). On voit que dans ce
dernier cas les cercles de diffusion *x y* venant de chaque point de l'image
sont très grands et qu'en outre *ils se recouvrent les uns les autres*, d'où
impossibilité de dire dans quel sens se déplace la lueur oculaire de l'observé
en rapport avec le mouvement du miroir.

On voit, en effet, par la figure 51 ci-dessus, que si l'image
renversée *a' b'* de la partie éclairée *a b* de la rétine de l'observé
coïncide avec le plan pupillaire de l'observateur, et donne
dans le plan pupillaire l'image *a" b"*, tous les points de cette

image inscrits dans la pupille de l'observateur donnent sur la rétine de ce dernier des cercles de diffusion qui coïncident entre eux ou se superposent les uns aux autres. Il en résulte que si, avec le miroir, on déplace la partie éclairée de la rétine de l'observé, la partie $x\,y$ (fig. 51) de la rétine de l'observateur continue néanmoins à recevoir de la lumière sur toute son étendue, à l'inverse de ce qui se passait dans les figures 47 et 48, page 77. Au fur et à mesure que le miroir se déplace (et que par suite $a''\,b''$ quitte de plus en plus le champ pupillaire de l'observateur), il y a sur la surface $x\,y$ de la figure 51 une diminution progressive d'éclairage, mais aucune ombre, et finalement la surface $x\,y$ devient obscure tout d'un coup quand le dernier point de l'image $a''\,b''$ quitte la pupille de l'observateur. Il en résulte que dans l'image $x\,y$ extériorée par le cerveau de l'observateur et rapportée par lui au plan pupillaire de l'observé, le même phénomène se produira : la pupille de l'observé paraîtra de moins en moins lumineuse, tout en restant éclairée dans toute son aire, puis, tout d'un coup deviendra entièrement obscure.

La coïncidence du plan pupillaire de l'observateur avec le plan du remotum de l'observé, c'est-à-dire le point neutre d'observation, est donc caractérisé par l'éclairement instantané suivi de l'obscurcissement instantané de la pupille de l'observé. Je ferais observer cependant que ceci n'est guère réalisable qu'avec un œil artificiel muni d'une bonne lentille achromatique fortement diaphragmée. Avec l'œil il en sera autrement, en raison de ses aberrations de sphéricité, de chromicité, du manque d'homogénéité de ses milieux, et d'un certain degré d'As. physiologique. Ces défauts réunis rendent impossible pour l'œil la réfraction parfaitement homocentrique, et nous n'aurons pas avec lui un vrai point neutre d'observation, parce que tous les rayons émanés de la partie éclairée de la rétine ne se réunissent pas dans une image située dans le même plan, celui de la pupille de l'observateur. La détermination du point neutre d'observation (et par conséquent du remotum de l'observé), très facile en théorie, le sera donc un peu moins dans la pratique. Mais pour l'observateur qui prend la précaution de se tenir à grande distance (1^m par exemple), une erreur même de 10 centimètres, dans la fixation du lieu de remotum est de nulle conséquence, puisqu'elle correspond à 1/10 de dioptrie seulement.

Mais si l'observateur se tient plus près à 50, 33, 25, 20 centimètres, là où sont les remota respectifs des M. de 2, 3, 4, 5^d, l'erreur croîtra bien vite avec son rapprochement de l'observé, et s'il se tient plus près encore, toute détermination exacte de l'amétropie deviendra impossible pour les myopies fortes, car à une erreur de 2 centimètres par exemple dans la fixation du remotum avec le ruban métrique correspondra une erreur d'une ou plusieurs dioptries.

J'ai indiqué plus haut pourquoi la véritable fixation du point neutre est si difficile. Mais il faut dire en outre que pour l'observateur placé un peu en deçà ou un peu au delà du remotum de l'observé il existe une véritable *zone de mauvaise observation* (que j'estime à 10 centimètres environ, si la skiascopie est faite à 1 mètre, et qui comprend 5 cent. en deçà et 5 cent. au delà du remotum). Dans toute cette zone en effet l'observateur reçoit les rayons ou en divergence trop forte (fig. 49) ou en convergence trop forte (fig. 50). Le phénomène du mouvement direct ou inverse de l'ombre y est peu net, d'autant plus indistinct que la divergence ou la convergence augmente, c'est-à-dire que la pupille de l'observateur se rapproche du remotum de l'observé. Il va de soi que si la skiascopie était faite à une distance moindre (50 ou 40 cm. par ex.) cette zone de mauvaise observation serait plus étroite ; mais quand on amène le remotum de l'observé à 1 mètre, son image ophtalmoscopique renversée est 60 fois plus grande que l'objet, et les plus légères imperfections optiques de l'œil se font fortement sentir. C'est ainsi qu'un œil, avec une As. physiologique de 1/20 de dioptrie, aura ses deux remota respectivement à 100 et à 95 centimètres. Mais comment l'observateur trouvera-t-il à pareille distance les points neutres respectifs de ces deux méridiens principaux sur un espace de 5 centimètres seulement ? Je ne le crois guère possible. Il y aura là en réalité une zone de plusieurs centimètres où l'observation sera indistincte, et ces deux points neutres se confondront pour l'observateur en une petite zone neutre où aucune image ne sera possible.

Astigmie. — Voyons d'abord quels sont le *champ d'examen* et le *champ d'éclairage* dans cette anomalie de réfraction.

Ils varient d'*étendue et de forme* avec chaque variété d'As. La fig. donnée par Sturm en 1845 rend compte de ce fait. Le champ d'examen est donné ici par l'image d'un point (le centre de la pupille de l'observateur) telle qu'elle est fournie par un œil As. ; l'image toujours diffuse de ce point variera donc de forme suivant la position occupée par l'écran rétinien relativement aux foyers des deux méridiens principaux de l'œil As. Il y a toutefois un cas où le champ d'examen sera circulaire, ainsi qu'il l'est dans l'œil H. ou M., c'est quand l'image du centre de la pupille de l'observateur sur la rétine de l'observé sera aussi diffuse dans le méridien à minimum de courbure que dans celui à maximum de courbure. Hors ce cas spécial, il sera plus ou moins ovalaire avec le grand axe de l'ovale parallèle à l'un des méridiens principaux, et même sous la forme d'une bande étroite et allongée, si l'As. est forte et que le remotum d'un méridien principal coïncide à peu près avec la pupille de l'observateur.

De même pour le champ d'éclairage, c'est-à-dire pour l'image diffuse de la lampe sur la rétine de l'observé ; elle variera de forme et d'étendue selon la position occupée par la rétine. Si, par exemple, la flamme de la lampe a la même dimension en hauteur et en largeur, elle se peindra dans un œil normal, qui s'adapterait pour elle, comme un carré ; mais dans un œil As., l'image de cette lampe sera rectangulaire si l'un des méridiens principaux, l'horizontal, par exemple, est adapté pour la lampe, et cette forme rectangulaire (fig. VII, page 82) sera d'autant plus accusée que l'As. sera plus fort. Nous aurons, dans l'exemple ci-dessus, sur la rétine de l'observé une image rectangulaire à grand axe vertical. Le bord de la partie éclairée (ou de l'ombre qui la limite) est alors *rectiligne*, signe important pour le diagnostic de l'As. qu'avait déjà signalé Bowman en 1859 (*linear shadow*).

Mais dans le cas d'*As. oblique*, les méridiens principaux ne sont plus parallèles aux côtés de la flamme supposée carrée ; l'image diffuse de la source lumineuse sur la rétine de l'observé sera elle-même oblique et aura la forme d'un parallélogramme incliné avec deux angles aigus et deux angles obtus (fig. XI et X).

Par suite, si l'axe de rotation du miroir est horizontal ou vertical, le bord de la partie éclairée de la rétine (ou de l'ombre qui la limite) apparaîtra oblique par rapport au mouvement du miroir. Ceci constaté, l'observateur fera alors pivoter le miroir suivant la direction oblique du bord de la partie éclairée qui est parallèle à un méridien principal, puis suivant la direction perpendiculaire qui est parallèle à l'autre méridien principal. On déterminera ensuite la réfraction de chaque méridien principal avec les verres correcteurs.

En résumé, l'image diffuse du centre de la pupille de l'observateur (champ d'examen), et l'image diffuse de la source lumineuse (champ d'éclairage) varieront de *forme et d'étendue* suivant la position occupée par l'écran rétinien par rapport aux foyers des deux méridiens principaux, et suivant la direction de ces méridiens.

Enfin on se rappellera que dans un œil As., la forme de l'image d'un objet ne correspond plus exactement à celle de l'objet, ainsi que cela a lieu pour l'œil H ou M, et par conséquent pour l'observateur placé à 1ᵐ, les images des

objets (champ d'éclairage et champ d'examen) représentés par les figures VI,
VII, IX et X différeront comme forme des objets eux-mêmes. C'est ainsi que
dans la figure VI le grossissement est constant et de 14 environ pour le mé-

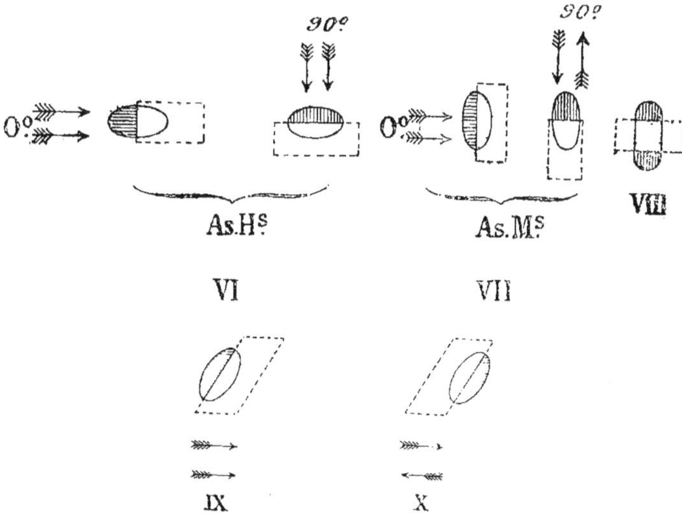

ridien vertical qui est emmétrope, mais pour le méridien horizontal qui est
hypermétrope il est inférieur à 14 et d'autant plus petit que l'observateur
s'éloigne de l'observé. On voit de suite les conséquences qui en résulteront
pour les images des deux objets.

Prenons comme exemple un œil atteint d'As myopique composée (As M + M), et dont le méridien le plus réfringent
est vertical (VV') et le moins réfringent horizontal (HH').

La figure 53 montre les quatre points cardinaux du méridien principal VV' et la figure 54 les quatre points cardinaux
du méridien principal HH'. Comme il n'y a qu'une seule surface réfringente, le point principal P du méridien VV' se confond avec celui du méridien HH'.

Dans la figure 53 j'ai rabattu à gauche et de 90° le méridien
principal VV', si bien que le côté supérieur (S) est à gauche,
et le côté inférieur (I) est à droite. Que le lecteur veuille bien,
pour un instant, plier en deux la page qui contient ce dessin,
et de telle façon que la moitié gauche, qui représente le méridien VV', soit tenue verticale et la moitié droite, qui représente le méridien HH', soit horizontale. Cela lui facilitera
l'intelligence de la figure.

M + As M.
S I
G D
f²
f²
P' N'
N
V R' V'
P'
H R H'
P
f''
f²
I
P.R.V.V' II
S I
III
P.R.H.H' IV
G D
V
S I
M² N²
G D
M² N²

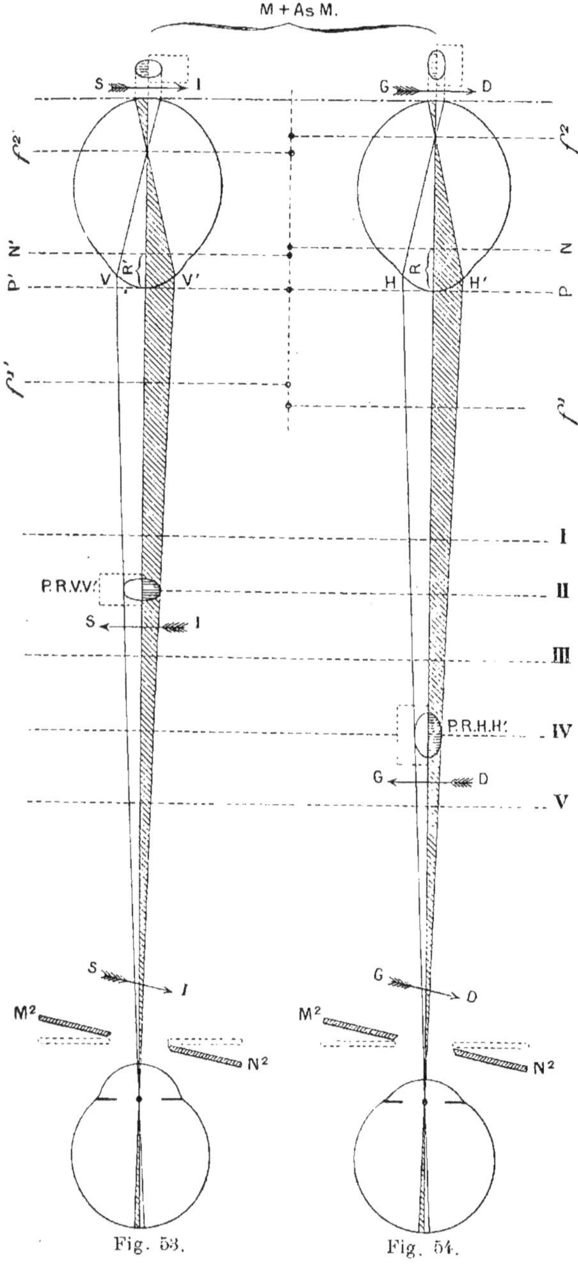

Fig. 53.   Fig. 54.

Ceci posé, si l'on suppose l'observateur placé là où le représente le dessin, c'est-à-dire au delà des remota des deux méridiens principaux et que le miroir ait pivoté de haut en bas (suivant S I, fig. 53), pour le méridien VV', puis de gauche à droite (suivant GD, fig. 54). pour le méridien HH', il est clair que le mouvement apparent de l'ombre sera dans les deux cas inverse de celui du miroir, car l'observateur est au delà de l'image renversée donnée par chaque méridien dans le plan de son remotum (P. R. VV' et P. R. HH'). Il se forme d'ailleurs sur la rétine de l'observateur une image droite qui est la résultante des deux images renversées qui sont en P.R. VV' et P.R. HH', et cette image est extériorée en sens inverse par le cerveau et rapportée au plan pupillaire de l'observé.

Les chiffres romains I, II, III, IV. V des figures 53 et 54 indiquent les cinq aspects skiascopiques que donnera successivement l'œil observé suivant la position de l'observateur.

En I, l'observateur est en avant des deux remota : l'ombre est directe dans les deux méridiens principaux. ·

En II, l'ombre reste directe pour le méridien HH', mais le point neutre d'observation est réalisé pour le méridien VV'.

En III, l'ombre est encore directe pour le méridien HH', mais elle devient inverse pour VV'.

En IV, ombre inverse pour VV'. et point neutre d'observation pour HH'.

En V, et au delà, ombre inverse dans les deux méridiens principaux.

Le moyen le plus simple de démontrer la présence de l'As. par la skiascopie c'est de réaliser la position III, qui donne le jeu d'ombre opposé dans les deux méridiens principaux, jeu d'ombre caractéristique ou pathognomonique de l'As.

Pour déterminer le degré d'As., l'observateur, toujours placé à 1ᵐ, procédera comme il suit : quelle que soit la variété d'As., il rend d'abord E (avec un sphérique convexe ou concave d'après la méthode indiquée plus haut pour l'H. et la M.) le méridien le moins réfringent ; l'ombre est alors directe avec le mouvement du miroir dans ce méridien, et elle est inverse dans le méridien le plus réfringent. Il suffit de placer ensuite des cylindres concaves de force croissante et à axe perpendiculaire au méridien le plus réfringent jusqu'à ce que l'ombre devienne également directe dans ce méridien et avec le même caractère que dans l'autre.

Veut-on même arriver à une détermination aussi précise que le 1/4 de dioptrie ainsi que la donne l'ophtalmomètre Javal ? Rien de plus simple :

Soit en effet un As. mixte de 2 D. 25 où VV' $= - 1$ D., et HH' $= + 1$ D. 25. Avec sphérique $+ 2$ D. 25 le remotum de VV' (devenu M. de 3 D. 25) passe à 30 centimètres et le remotum de HH' (devenu M. de 1 D.) passe à 1^m ; et par suite, pour ce méridien HH' l'observateur aura net à 1^m, 10 et au delà le mouvement de l'ombre inverse, à 1^m, le point neutre d'observation, et à 90 centimètres et en deçà le mouvement de l'ombre direct. Qu'il ajoute maintenant au sphérique $+ 2$, 25 le cylindre concave 2 D. à axe horizontal ; le remotum de VV' passera de 30 à 80 centimètres. Nous aurons donc amené les deux remota respectivement à 1 mètre et à 0^m, 80, et il n'y a plus maintenant que 1/4 de dioptrie d'As. Et si l'observateur se déplace vers l'observé depuis 1^m, 10 (au delà du remotum de HH') jusqu'à 0^m, 70 (en deçà du remotum de VV'), il observera les cinq aspects skiascopiques désignés par I, II, III, IV et V dans les figures 53 et 54. il a alors la preuve qu'il y a encore de l'As., mais qu'il n'en reste plus que 1/4 de dioptrie à corriger. Si donc il ajoute $- 0$, 25 à axe horizontal l'ombre aura dans tous les méridiens le même genre de déplacement pour une position donnée de l'observateur.

On doit cependant déclarer que la détermination des méridiens principaux dans l'As. totale, au moyen des procédés d'optométrie ophtalmoscopique, atteint un degré d'exactitude moindre que celui obtenu à l'aide de l'ophtalmomètre Javal et Schioetz pour l'As. cornéenne.

Skiascopes. — Pour faire passer les correcteurs sphériques et cylindriques devant l'œil observé, on a employé différents moyens. Le plus ingénieux est celui de l'optomètre du Dr Couper, construit par la maison Curry et Paxton, de Londres : par une tige de 1 mètre de longueur l'observateur commande un engrenage de l'optomètre et fait passer à volonté les sphériques concaves et convexes. L'année dernière, nos deux collègues Darier et Sureau nous ont présenté chacun des Optomètres analogues pour la Skiascopie. Celui de Sureau est parfait de construction, mais d'un prix élevé.

Des dispositifs beaucoup plus simples ont été proposés : par exemple, une série de verres convexes et concaves montés sur un disque en cuivre portatif (Panas), ou placés sur deux rangées verticales dans des palettes en celluloïde noir (Parent). C'est en 1883 que j'ai fait construire (1) quatre de ces palettes : la 1re et la 2e pour les sphériques convexes et concaves depuis 0^d,50 jusqu'à 20^d, la 3e et la 4e pour les cylindres concaves et convexes depuis 0^d,50 jusqu'à 6^d. Chacune de ces palettes est composée de deux lames de celluloïde entre lesquelles sont placés les verres sur deux rangées verticales. Pour les cylindres j'ai fait couper à la scie un sixième de la rainure circulaire dans laquelle ils sont logés. On peut ainsi les tourner facilement à la main. La direction de l'axe est indiquée par une graduation.

J'ai, en outre, préconisé *pour la skiascopie l'emploi de la lunette de Galilée*, sous la forme de la jumelle de théâtre en aluminium. L'oculaire concave doit être choisi de telle façon que l'instrument donne des rayons parallèles (emmétropie) quand l'objectif convexe est éloigné de la moitié de sa course. La jumelle de théâtre a pour la skiascopie ce précieux avantage de grossir l'image de la pupille de l'observé. Avec elle, le jeu d'ombre et de lumière s'observe facilement, même quand la pupille de l'observé est étroite.

Un œil artificiel permet de vérifier les lois de la dioptrique oculaire et celles de l'optométrie ophthalmoscopique, exposées dans les chapitres précédents.

Je reproduis ici celui que j'ai fait construire en 1889 et dont les dimensions sont triples de celles de l'œil réduit de Donders.

Au lieu de R $= 5$, $\Phi' = 15$ et $\Phi'' = 20^{mm}$.

On a R $= 15$, $\Phi' = 45$ et $\Phi'' = 60^{mm}$.

Par suite l'intervalle de la graduation par dioptrie est $l'' = \dfrac{\Phi'\Phi''}{l'} = \dfrac{45 \times 60}{1000} = 2,7^{mm}$.

On obtient ainsi un instrument d'un maniement plus facile et susceptible d'être gradué exactement.

La *cornée* est en verre et l'œil est rempli d'eau.

La *rétine* est représentée par quatre disques ou écrans, qu'on introduit tour à tour dans l'œil par une fente longitudinale placée en haut de l'instrument et qu'on fixe perpendiculairement à l'axe optique au moyen du bouton R. L'un ou l'autre de ces quatre écrans une fois fixé, on le déplace au moyen du bouton moteur B en arrière ou en avant, *au milieu de l'eau qui remplit*

____

(1) Par l'opticien Giroux, 58, quai des Orfèvres, Paris.

l'instrument, et tient lieu de l'humeur aqueuse et du corps vitré, dont elle a l'indice de réfraction. L'écran peut ainsi occuper les différentes positions de la rétine, chez l'H., l'E. et le M. Ces quatre écrans rétiniens sont :

1º Une photographie représentant le fond de l'œil (disque optique et région maculaire, avec artères et veines à double contour) ;

2º Une photographie d'une échelle de lettres pour exercices ophtalmoscopiques et expériences d'optique physiologique ;

3º Une photographie du cadran horaire rayonné, spécialement réservée pour la théorie de l'astigmie à l'image droite et à l'image renversée ;

4º Un verre dépoli divisé en demi-millimètres pour mesurer la grandeur des images rétiniennes dans chaque variété d'amétropie.

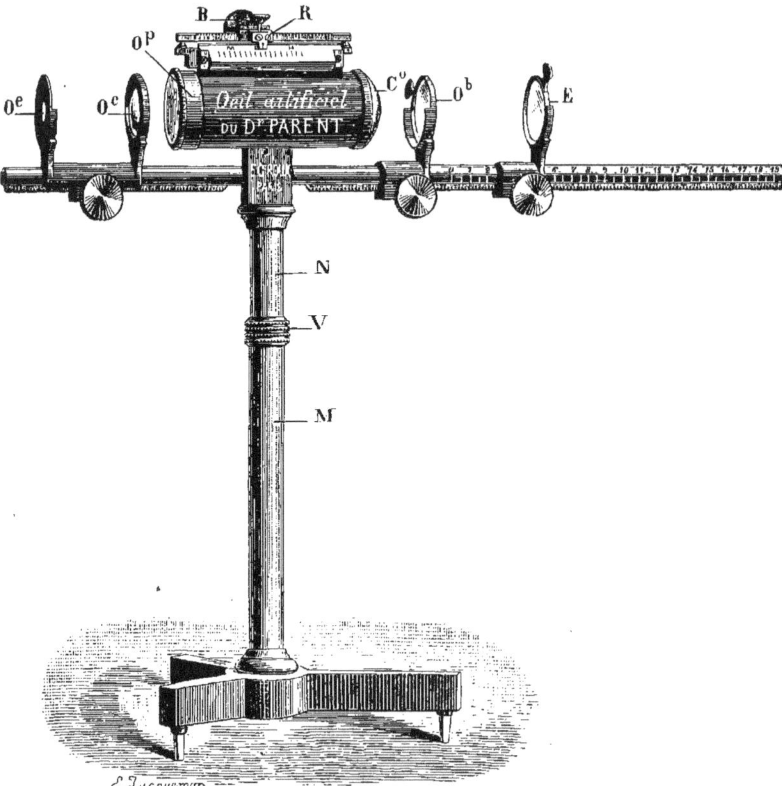

Fig. 55. — Œil artificiel du Dr Parent.

En avant de l'œil se voient sur une tige graduée en centimètres la lentille objective Ob avec l'écran dépoli E pour la théorie de l'ophtalmoscope à l'image renversée. En arrière de l'œil se voient l'oculaire O^c et l'œilleton O^e pour observer les images rétiniennes qui se forment sur les écrans placés dans l'eau. Op opercule ; il est mobile, ainsi que les 2 tiges graduées.

Pour la théorie de l'astigmie à l'image droite et à l'image renversée, on met un cylindre dans une des fourches placée près de la cornée.

Pour étudier l'influence des verres correcteurs sur la grandeur des images rétiniennes dans l'amétropie axile, on place dans une fourche le verre correcteur successivement dans trois positions : 1° en deçà de f^1 ; 2° en f^1 ; 3° au delà de f^1.

M. est le tube extérieur, N. le tube intérieur, V. la vis de serrement.

VI. — Astigmie irrégulière ; définition. — Apparences ophtalmoscopiques dans l'astigmie irrégulière

L'astigmie est dite régulière si elle réalise deux conditions : 1° Les deux méridiens principaux sont *perpendiculaires* entre eux ; 2° La courbure augmente ou diminue *progressivement* d'un méridien principal à l'autre. A dire vrai ces deux conditions sont rarement réalisées, même dans les cas que nous qualifions d'As. régulière (les mensurations des cornées As , faites de 5° en 5° avec l'ophthalmomètre de Helmholtz en donnent la preuve) ; mais nous les considérons comme réalisées dès que l'œil As. s'en écarte peu.

Tout œil As. qui ne réalise pas (au moins à peu près) les deux conditions précédentes est dit atteint *d'astigmie irrégulière*. Ici la réfraction ne varie plus progressivement d'un méridien à l'autre ; elle varie même souvent dans l'étendue d'un même méridien. L'image d'un point lumineux peut alors affecter toutes les formes imaginables qui ne peuvent être figurées par des constructions géométriques.

Les causes de l'As. irrégulière sont :

1° *L'irrégularité de courbure des 3 surfaces réfringentes*, qui ne sont plus, dans l'aire correspondant à la pupille, des calottes de sphère, ou d'ellipsoïde bi-axial, ou même d'ellipsoïde tri-axial (As. rég.). Au point de vue de l'irrégularité de courbure c'est la cornée qui joue le principal rôle à cause de sa grande puissance réfringente et de ses nombreuses altérations pathologiques, laissant sa transparence intacte ou non : abcès, ulcères, traumatismes, opérations, (qui occasionnent constamment une As. irrégulière quoique en grande partie corrigible), kératocone ou staphylome pellucide.

« Chaque ulcère de la cornée, quelque superficiel qu'il soit, peut » laisser une cicatrice qui altère, non seulement sa transparence,

» mais surtout l'égalité de sa surface. La lumière peut entrer à grands
» flots dans l'œil ; si elle n'est pas réunie en un foyer, la vision n'est pas
» nette. C'est là la cause pour laquelle une opacité à peine perceptible
» de la cornée trouble la vue quelquefois considérablement, et bien plus
» que l'occlusion presque totale de la pupille, pour peu que ce qui reste
» libre de cette dernière corresponde à une partie de l'appareil dioptri-
» que dont les surfaces ont une courbure régulière.
  » Ainsi s'explique de même un fait qui surprend toujours désagréa-
» blement le jeune oculiste dans ses débuts opératoires. Je veux dire
» l'augmentation relativement petite de l'acuité visuelle qu'on obtient
» souvent par une iridectomie bien placée et bien exécutée, dans les cas
» de leucome cornéen. En ne considérant que la transparence du secteur
» cornéen derrière lequel on a placé la pupille artificielle, on devrait
» s'attendre à une acuité visuelle excellente. Mais, par malheur, cette
» partie de la cornée, entourée de cicatrices, a subi la traction et l'alté-
» ration du tissu que celles-ci entraînent, et elle y a perdu entièrement
» la régularité de sa forme. Les images rétiniennes produites par les
» rayons qui l'ont traversée sont absolument difformes et peu propres
» à donner une bonne acuité visuelle. » Landolt (1).

Quant au cristallin, on sait qu'au point de vue embryogé-
nique, il se compose de secteurs différents. Si ces derniers,
mal agencés ensemble, ne forment pas une surface géométri-
quement régulière, chacun d'eux réfractera différemment la
lumière et aura son image propre ; il y a alors polyopie. Si
ces images se recouvrent en partie il y a vision indistincte, ou
polyopie seulement pour des points lumineux. Même dans
l'œil qualifié normal cette division du cristallin en plusieurs
secteurs occasionne une image imparfaite des objets ; l'aspect
rayonnant des étoiles, le dédoublement des cornes du croissant de la lune en sont autant de preuves.

2° *Le centrage imparfait des 3 surfaces*, car ce que nous
appelons l'axe optique n'est que la résultante des axes principaux des 2 composantes réfringentes de l'œil (cornée et cristallin) ; quand le manque de coïncidence 'de ces deux axes
principaux, autrement dit le décentrage, atteint un certain
degré il en résulte de l'As. irrégulière.

3° *La transparence imparfaite des milieux* (taies, leucomes
de la cornée, opacités partielles du cristallin, corpuscules
fibrineux du corps vitré.)

4°*L'inégalité d'indice de réfraction* due surtout aux altérations du cristallin.

(1) *Traité de Wecker et Landolt.*

Apparences ophtalmoscopiques. — On peut reconnaître l'astigmie irrégulière ou par des procédés dioptriques (examen ophtalmoscopique à l'image droite ou renversée), ou par des procédés catoptriques (kératoscopie, kératométrie, phakoscopie, phakométrie). Je ne traiterai ici que ceux qui reposent sur l'examen ophtalmoscopique, et qui font comme une suite et une fin aux chapitres précédents. Les procédés catoptriques formeront un chapitre à part.

Le diagnostic ophtalmoscopique de l'astigmie irrégulière a été bien étudié par Knapp dans un mémoire paru en 1864. Je donne ici des extraits de ce mémoire, me limitant à ceux qui sont relatifs à mon sujet.

a) Avec l'éclairage ordinaire du fond de l'œil, on voit le *reflet cornéen* diminuer de grandeur pour les saillies et augmenter pour les diminutions de courbure. Pour les dépressions, il se passe quelque chose de remarquable : on voit un cercle mince et brillant qui entoure un champ obscur, sur lequel se détache un point clair dont les mouvements se font en sens contraire de ceux de l'observateur. Le cercle brillant est causé par le reflet du bord convexe et épithélial de l'ulcération ; le champ obscur est la surface de l'ulcération, et le point brillant qu'on y remarque est l'image renversée de la flamme fournie par réflexion sur la facette concave.

b) Avec l'éclairage ophtalmoscopique ordinaire, on voit de plus des *ombres en forme d'anneaux et de disques* et à parallaxe positive relativement au champ pupillaire, c'est-à-dire que, quand l'œil observé regarde, par exemple, en l'air, ce disque foncé s'approche du bord pupillaire supérieur.

Cela s'observe surtout bien dans le kératocone ordinaire, comme Bowman l'a fait remarquer. Si l'on éclaire la pupille d'un œil affecté de kératocone, on voit, en général, ce qui suit : un anneau rouge apparaît tout près du bord pupillaire et entoure un anneau foncé, dont la partie centrale présente un disque rouge où l'on voit l'image renversée du fond de l'œil : papille, vaisseaux, etc.

c) *Métamorphopsie ophtalmoscopique.* — La papille présente à son bord des irrégularités saillantes ou rentrantes. Par des mouvements de tête ou des déplacements de la lentille convexe, suivant qu'on observe l'image droite ou l'image renversée, on peut promener ces irrégularités en divers points de la papille : preuve certaine qu'elles sont causées par des anomalies optiques et non pas anatomiques. Dans le kératocone, la papille, vue par la partie centrale de la cornée, est petite et ronde ; vue par les parties périphériques, elle apparaît pyriforme, avec la pointe tournée vers le centre.

Des lignes droites appartenant au fond de l'œil apparaissent courbes. Ceci s'observe dans les cas de taies de la cornée, le kératocône, la cataracte commençante. Un vaisseau rétinien, par exemple, qui, pour une certaine position du verre convexe, paraît tout à fait rectiligne, affecte, en déplaçant ce verre, une brisure remarquable, analogue à celles qu'on voit sur les papilles excavées des glaucomateux.

d) *Parallaxe ophtalmoscopique.* — En déplaçant la lentille objective, on voit une partie de la papille rester relativement à la même place, tandis qu'une autre partie prend un mouvement rapide tel que les lignes semblent sauter çà et là. Parfois certains vaisseaux font des mouvements opposés, absolument analogues au déplacement parallactique du bord et de la périphérie des papilles excavées, c'est-à-dire à ceux d'objets placés dans des plans différents. Ces mouvements et les brisures apparentes des lignes s'expliquent ainsi : La partie d'un vaisseau qui est vue au travers d'une région plus convexe de la cornée apparaît dans l'image renversée avec un grossissement moindre, et est plus voisine de l'œil observé que celle qui est vue au travers d'un segment plus aplati. Il en résulte que les mouvements de la première partie, qui se reproduisent lors du déplacement de la lentille, ont une amplitude bien moins grande que ceux de la dernière. Leur distance relative doit donc varier ; ce qui fait qu'elles paraissent se déplacer l'une par rapport à l'autre. Les parties plus fortement grossies, celles plus éloignées de l'œil, c'est-à-dire celles vues au travers du segment de cornée le moins convexe, se déplacent dans le même sens que la lentille, et les autres en sens contraire.

e) *Diplopie et polyopie ophtalmoscopiques.* — Elles peuvent s'observer avec la cataracte commençante, et surtout les taies de la cornée. Dès que dans ces affections, les vaisseaux s'élargissent à un endroit, deviennent peu distincts et montrent des mouvements parallactiques caractérisés, il suffit presque toujours d'une accommodation exacte et d'une tenue fixe de la lentille dans l'observation du point où l'élargissement est le plus remarquable, pour voir un vaisseau ou un autre se dédoubler.

De fines ramifications situées sur la papille ou dans son voisinage se prêtent mieux à cette expérience que des vaisseaux plus gros. La diplopie peut se présenter de deux manières : si l'on voit deux traits se longer, on a la *diplopie parallèle*, si un vaisseau se partage en deux branches qui forment comme les côtés d'un angle très aigu, c'est la *diplopie bifurquée*. L'explication en est facile. Par des changements circonscrits de la face réfringente, un second système réfringent vient se former au milieu du système ordinaire et présente un foyer et par suite des points nodaux différents. Les rayons émanés d'un point sont réfractés en partie par ce système et en partie par le système normal ; de sorte qu'il se produit de ce point deux images qui ne coïncident pas : il y a diplopie.

A cette description par Knapp des apparences ophtalmoscopiques dans l'astigmie irrégulière, je veux ajouter quelques mots sur le kératocone à cause de son importance pratique.

Plusieurs mensurations ophtalmométriques de la cornée conique (et seulement dans l'aire correspondant à la pupille) établissent que le rayon de courbure peut varier dans l'étendue d'un même méridien de 11 à 3 millimètres (voir les observations de Hirschberg, Zehender, Mauthner). Elles démontrent : 1° que dans une étroite zone de la cornée, concentrique au bord pupillaire, le rayon de courbure est souvent plus grand que la normale, d'où l'utilité des *cylindres convexes* chez beaucoup de kératoconiques (observations de Loring, Badal, Parent) ; 2° que dans la partie centrale du kératocone la myopie peut être colossale par suite du très petit rayon de courbure en ce point, 5, 4 et même 3 millimètres.

Pour prendre un exemple, supposons que la partie centrale d'une cornée conique ait un rayon de courbure de 5 mm. au lieu de 7, 7 qu'avec Donders nous prendrons pour l'œil normal ; quel est l'excès de réfraction en ce point ? Nous savons que la puissance dioptrique π de la cornée a pour expression l'inverse de sa distance focale antérieure $\dfrac{1}{\varphi'}$ $\left(\pi = \dfrac{1}{\varphi'}\right)$, et que φ' est égal à 3 fois le rayon de courbure de la cornée. Nous aurons :

$$\text{Œil kératoconique } R = 5 ; \varphi' = 3\,R = 15^{mm} ; \text{et } \pi = \frac{1000}{15} = 66$$

$$\text{Œil normal } R = 7{,}7 ; \varphi' = 3\,R = 23^{mm}1 ; \text{et } \pi = \frac{1000}{23{,}1} = 43^d3$$

Différence en puissance dioptrique des deux cornées : $66 - 43 = 23$.

Ainsi, quand le rayon de courbure de la cornée descend à 5 mm. il y a déjà 23 dioptries de myopie, et quand il s'abaisse à 3, mm. 3, la puissance dioptrique de la cornée monte à 100 dioptries.

Ce qui précède explique ce qu'on observe pendant l'examen à l'image droite d'un œil atteint d'un kératocone.

Si, en premier lieu la ligne visuelle de l'observateur passe à travers une partie de la cornée voisine du bord pupillaire ; il obtient (le plus souvent avec un cylindre convexe plus ou moins incliné) une image passable du disque optique et de ses vaisseaux ; l'astigmie irrégulière hypermétropique qui existe en ce point se trouve en partie corrigée, et il voit avec une netteté relative le fond de l'œil. Mais dès que l'observaleur fait le moindre mouvement en déplaçant sa ligne visuelle vers le sommet du cône il ne voit plus rien, tant la myopie en ce point est forte. Par conséquent vouloir lutter contre cette myopie extrême, ainsi que quelques auteurs l'ont essayé, avec des verres fortement concaves, ou de *prétendus verres hyperboliques* (1), est une utopie.

Optiquement parlant il faut négliger le sommet du kérato-cone, ou, si l'on s'en occupe, il faut simplement le tatouer. On empêche ainsi les rayons lumineux d'y passer, en ne conservant pour la formation des images dans le fond de l'œil que les parties de la cornée limitrophes du bord interne de la pupille, là où le rayon de courbure s'écarte moins de celui de la cornée normale.

VII. — KÉRATOMÉTRIE.

Les dioptres à surfaces courbes comme la cornée et chaque face du cristallin donnent deux images : l'une par réfraction ou dioptrique, l'autre par réflexion ou catoptrique, cette dernière identique à celle des miroirs.

La grandeur de l'image dioptrique dépend du rayon de courbure de la surface et de l'indice du milieu ; la grandeur de l'image catoptrique ne dépend que du rayon de courbure de la surface.

L'indice de réfraction de la cornée étant connu (= 1,33), son image catoptrique pourra donc servir à déterminer sa puissance dioptrique. En effet, de la grandeur de l'image catoptrique nous déduirons le rayon de courbure (R), et celui-ci une fois déterminé nous aurons du même coup les longueurs focales du dioptre cornéen (œil aphaque) qui sont $\Phi' = 3\,R$ et $\Phi'' = 4\,R$, et par suite la puissance dioptrique π, qui, pour la marche habituelle des rayons dans l'œil, a pour expression l'inverse de la première longueur focale ou $1/\Phi'$.

Quant à la valeur de R elle est donnée par la relation : $R = 2l/O$, où I et O désignent respectivement l'objet et l'image, et l la distance de l'objet au foyer principal du mi-

(1) Je ne crois pas en effet que de véritables verres hyperboliques aient été faits jusqu'ici, malgré le mémoire de Raehlmannsur ce sujet (1879), et tant d'autres qui lui sont postérieurs.

roir cornéen. O et *l* étant toujours des valeurs connues, il reste à déterminer la valeur de l. Voici comment on y a procédé successivement :　·

Kohlrausch, en 1839, employa dans ce but la lunette astronomique ; il plaçait au foyer de l'oculaire deux fils d'araignée tendus parallèlement et qu'on pouvait, par un mouvement de vis, rapprocher l'un de l'autre, sans altérer leur parallélisme. Il amenait les deux fils à coïncider exactement avec les images cornéennes de deux flammes posées de chaque côté de la lunette et dans le même plan horizontal, puis au moyen d'une échelle graduée substituée à l'œil, il appréciait la distance des images réfléchies. Il détermina ainsi le rayon de courbure de la cornée.

Senff, en 1846, se servit à peu près de la même méthode, mais au lieu des flammes il fit usage de deux bandes de papier fixées sur la fenêtre. Il admit que la cornée était elliptique, mesura le rayon dans les points différents d'un même méridien, et calcula l'axe et l'excentricité de ce méridien.

Cramer, en 1853, pour examiner les changements produits dans l'œil par l'accommodation, observa avec une lunette les images dites de Sanson ou de Purkinje ; il put ainsi établir que, pendant comme en dehors de l'accommodation, l'image catoptrique de la cornée restait constante en grandeur, tandis que celle de la surface antérieure du cristallin diminuait (1).

Helmholtz, en 1854, publie la description de son ophthalmomètre, instrument basé sur le même principe que l'héliomètre, inventé par notre compatriote Bouguer au siècle dernier (1747), c'est-à-dire sur la mensuration d'une image par son dédoublement. L'ophthalmomètre de Helmholtz possède un avantage capital : les petits et inévitables mouvements de la tête du sujet examiné qui, avec la méthode de Kohlrausch et Senff faussaient facilement les résultats, n'ont pas ici d'inconvénients, car les deux images se meuvent toujours de la même manière, comme dans l'héliomètre, et leur position relative ne change pas.

Voyons maintenant pourquoi on obtient la mesure d'une image par son dédoublement. Soit l'image A B (I) dont la

---

(1) Voir Schiœtz in *Mémoires d'ophthalmométrie*, page 621.

moitié droite est marquée de hâchures. Par un moyen optique dédoublons la en $A^1 B^1$, $A^2 B^2$ (II) que pour la clarté du dessin nous séparons dans la hauteur ; puis déplaçant davantage $A^1 B^1$ vers la droite, $A^2 B^2$ vers la gauche, rendons les

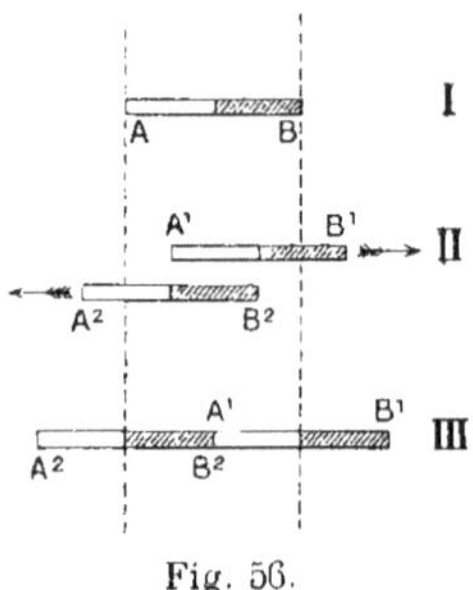

Fig. 56.

deux images tangentes (III). A ce moment chaque image dédoublée s'est déplacée respectivement vers la droite ou vers la gauche de la moitié de sa longueur, et par suite ces deux images dédoublées se sont déplacées en sens contraire l'une par rapport à l'autre d'une quantité linéaire égale à l'image primitive elle-même.

On peut d'ailleurs obtenir le dédoublement de l'image par des moyens variés ; — a) par deux lames de verre, à faces parallèles, l'une supérieure, l'autre inférieure, superposées par leur tranche, et non dans le même plan (Helmholtz) ; — b) par deux prismes superposés en sens contraire (Landolt) comme dans certains télémètres ; — c) par deux moitiés de lentille l'une supérieure, l'autre inférieure et déplacées latéralement l'une par rapport à l'autre comme dans l'héliomètre des astronomes ; — d) par un prisme biréfringent en spath d'Islande (Coccius) ; — e) enfin par le prisme de Wollaston qui est composé de deux prismes rectangles en quartz, taillés différemment dans le cristal et collés l'un contre l'autre par leurs hypothénuses. L'angle formé par les faces de chaque prisme varie suivant le dédoublement qu'on veut obtenir.

Javal et Schioetz, en 1881, ont choisi le prisme de Wollaston comme moyen de dédoublement pour leur ophtalmomètre. Cet instrument a plus spécialement simplifié la mesure du rayon de courbure de la cornée. Grâce à lui la kératométrie, (qui était antérieurement une recherche exclusive de laboratoire), est devenue vraiment pratique. D'ailleurs le grand nombre de travaux suscités par cet instrument, tant en Europe qu'aux Etats-Unis depuis près de 14 ans, montre assez l'importance de la découverte.

Ainsi que l'ophtalmomètre de Helmholtz, celui de Javal et Schioetz se compose essentiellement d'une lunette et d'un moyen optique permettant le dédoublement de l'image. L'objet, de grandeur variable, est constitué par l'intervalle de deux mires, fixées sur des curseurs qui se déplacent le long d'un arc concentrique à la cornée. Voici, d'après une leçon de Gavarret, et plus encore d'après les mémoires de Javal, Sulzer, Motais, Tscherning, tous insérés dans les « *Mémoires d'ophtalmométrie* » (1) un résumé de la théorie de cet instrument :

Théorie et maniement de l'instrument.— Placez verticalement devant votre œil un petit carré de carton blanc, percé au centre d'un petit trou muni d'une loupe de 10 à 20 centimètres de foyer. Regardez à travers le centre de cette loupe un autre œil qui fixe lui-même le centre de la loupe. Vous verrez dans cet œil l'image du carré. Cette image, réfléchie par la cornée, est d'autant plus petite que la cornée observée est plus convexe. Supposez que la cornée observée soit astigmate et que le méridien vertical de la cornée soit plus convexe que l'horizontal, l'image n'aura plus la forme d'un carré. Elle affectera la forme d'un rectangle. Les côtés verticaux de l'image seront plus petits que les côtés horizontaux.

Pour que l'image cornéenne se présente avec des contours nets et bien déterminés, il faut placer le carré perpendiculairement à la ligne de fixation des deux yeux. Cette ligne est la même pour l'observateur et l'œil observé, car celui-ci doit toujours fixer le centre de la loupe à travers laquelle l'observateur regarde l'image. Il faut aussi avoir soin de placer le carré de telle sorte que ses côtés soient parallèles aux méridiens principaux de la cornée, qui dans l'exemple choisi sont le méridien horizontal et le méridien vertical.

Si au contraire vous donnez au carré une position diagonale, l'image que vous en percevrez ne sera plus ni un carré ni un rectangle. Vous verrez une espèce de parallélogramme à bords courbes (2).

---

(1) *Mémoires d'ophtalmométrie,* annotés et précédés d'une introduction par *E. Javal,* avec 135 fig. dans le texte. Masson, éditeur, Paris 1891.

(2) L'astigmomètre de Wecker et Masselon repose sur cette expérience. Sur ma demande les auteurs ont bien voulu rédiger une note à son sujet. Je la reproduis ici en partie laissant de côté la description et le maniement de l'instrument qui se trouvent dans tous nos traités. « Cette méthode objec-

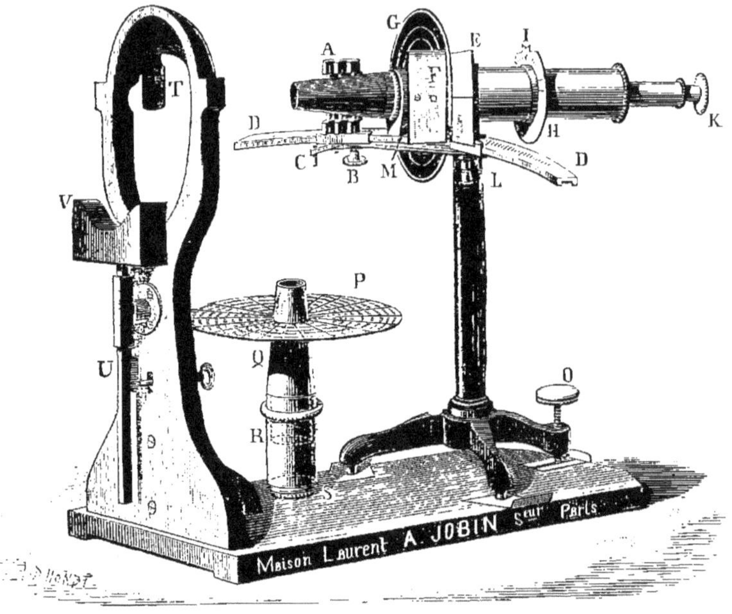

Fig. 57. — Ophtalmomètre Javal et Schioetz, modèle 1895.

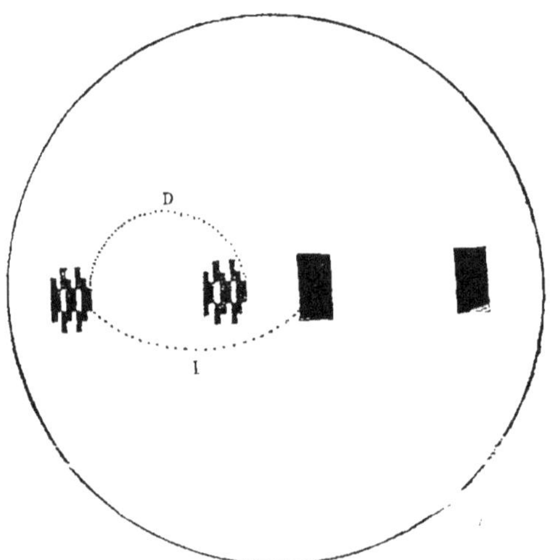

Fig. 58. — L'image I est plus grande que le dédoublement D. Leur égalité
sera établie au moment où on aura obtenu le contact par le rapprochement des mires.

Au lieu d'un carré de papier, Javal et Schioetz ont pris deux bandes blanches montées sur des curseurs qui se déplacent le long d'un arc concentrique à la cornée ; une des mires est rectangulaire et fixe, l'autre mobile et à gradins. L'objet à dédoubler est l'image cornéenne de l'espace compris entre les bords externes (ancien modèle) ou entre les bords internes (nouveau modèle) des deux bandes blanches. On règle la position des curseurs de manière que l'image cornéenne de l'intervalle des bandes soit égal à 3 millimètres, condition nécessaire pour que cet intervalle soit exactement dédoublé par le prisme biréfringent (choisi pour dédoubler 3 mm.).

D'abord on éloigne ou on rapproche le curseur mobile (qui est à droite sur l'arc) de manière à obtenir le dédoublement exact ; on est sûr alors que l'intervalle entre les bords des images cornéennes des deux mires blanches est de 3 mm. et que l'appareil est prêt pour une bonne observation. Cela fait, on tourne de 90° ; l'arc qui porte les mires se trouve placé suivant l'autre méridien principal, et si l'œil observé est As., les images cornéennes des mires ne seront plus tangentes ; elles seront ou séparées l'une de l'autre, ou partiellement superposées, suivant que ce méridien principal agira comme un miroir moins convexe ou plus convexe que le premier.

Chaque gradin a la largeur d'un degré sur l'arc, et à l'empiètement ou à la superposition d'un gradin correspond une différence de réfraction de 1^d.

Actuellement, étant donnée la façon dont sont placées les mires dans l'instrument, on commence par établir le contact dans le méridien le moins réfringent, qui 8 fois sur 10 est horizontal ou voisin de l'horizontal ; puis on fait subir à l'arc une rotation de 90°. Si par exemple, le deuxième méridien a une réfraction de 2^d en plus, il faudrait pour obtenir le contact, rapprocher la mire de 2 degrés. Si on la laisse en place, la mire rectangulaire couvrira deux gradins de la deuxième mire, indiquant ainsi 2^d d'As.

Si l'observé (ce qui est de règle) regarde suivant l'axe de l'ophtalmomètre, celui-ci ne peut donner de renseignements que sur deux petites surfaces de la cornée, situées à une distance d'à peu près 1 mm. 2 (ou 10°) de part et d'autre de la ligne visuelle. Quand on fait tourner l'arc la partie utilisée de la cornée tourne en même temps, si bien que l'ensemble des parties utilisées affecte une forme annulaire.

---

tive pour la détermination de l'As. n'est certes pas d'une rigueur absolue, mais elle donne une approximation suffisante pour réduire à un minimum les tâtonnements de l'examen subjectif, et pour circonscrire entre un très petit nombre de verres les essais à faire dans le but d'atteindre la meilleure acuité visuelle. Même si, dans les faibles degrés d'as, la kératoscopie reste muette, l'examen n'a pas été fait en vain, car il nous indique que l'essai des verres cylindriques ne doit porter que sur une demi dioptrie ou une dioptrie. Les quarts de dioptrie pouvant être négligés dans la pratique, on n'aura donc à essayer qu'un ou deux verres cylindriques ».

Les mires ont été placées sur un arc de cercle (et non sur la tangente
à cet arc comme dans les ophtalmomètres de Leroy et de Ostwalt),
parce que, avec les miroirs convexes, un arc de cercle concentrique au
miroir est le seul objet qui donne une image semblable à lui-même.

Le prisme de Wollaston est placé entre deux objectifs achromatiques
ayant chacun une longueur focale de 270 millimètres. L'objet (images
des mires de l'arc) se trouve au foyer de la lentille antérieure et le prisme
est ainsi traversé par des rayons parallèles, condition nécessaire pour
que l'instrument fonctionne bien. L'image de grandeur égale à l'objet se
forme au foyer de la lentille postérieure. La distance entre les objectifs
est de 40 millimètres. Le milieu du prisme se trouve à 290 millimètres

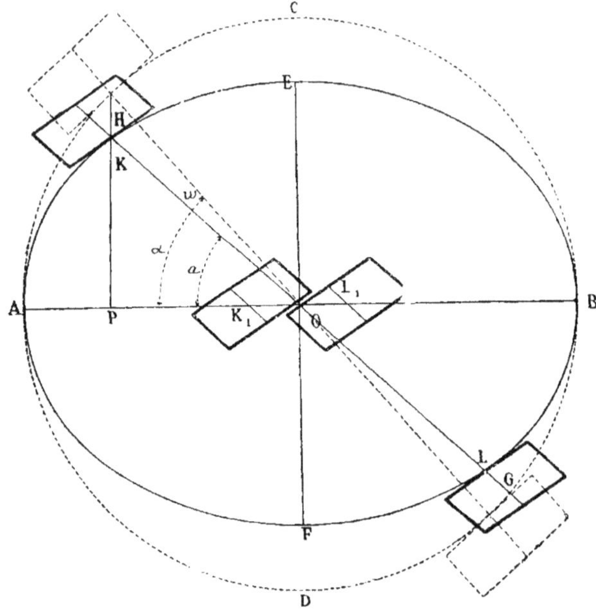

Fig. 59.

de l'objet et de l'image. L'image cornéenne qui sert d'objet ayant une
grandeur de 3 millimètres, il faut que le prisme biréfringent dédouble
de 3 millimètres à une distance de 290 millimètres.

Avant d'employer l'instrument il est bon de vérifier le prisme, et de
voir, en observant un micromètre, si le dédoublement est exact. Quand
l'arc qui porte les mires se trouve dans le même plan qu'un méridien
principal de la cornée, les mages cornéennes des mires sont à la même
hauteur. Quand au contraire le plan de l'arc se trouve dans une position
intermédiaire à celle des méridiens principaux les deux images des
mires qui produisent le contact ne sont plus à la même hauteur et il
y a dénivellation.

La fig. 37 explique ce phénomène. K¹ et L¹ représentent les images dédoublées de K et de L qui sont déplacées vers le milieu du champ ; la distance K¹, L¹ représente la grandeur de dénivellation. Comme l'on voit, cette grandeur dépend uniquement de l'angle ω.

Si l'As atteint un certain degré on s'aperçoit facilement de la déformation des mires qui est visible aussi sur la figure, où elles ne sont plus rectangulaires. Les lignes de foi qui traversent le milieu des mires facilitent l'examen de la dénivellation.

L'exactitude avec laquelle on détermine la direction des méridiens principaux dépend du degré de l'As, la dénivellation étant en rapport direct avec celle-ci. En général on ne commettra pas une erreur plus grande que 5 degrés si l'As. dépasse une dioptrie.

Les images à observer sont peu lumineuses avec les mires habituelles qui sont des plaques diffusantes. Il en serait autrement avec des mires lumineuses électriques.

La cornée ne renvoie qu'à peu près 2 p. 100 de la lumière qui la frappe, et le dédoublement réduit encore à la moitié la clarté de chaque image ; il faut donc un éclairage aussi fort que possible. On doit même employer la lumière solaire directe chaque fois qu'on le peut.

Avec un bon éclairage, un observateur même peu exercé ne commet pas une erreur d'un quart de dioptrie en établissant le contact. Comme la puissance dioptrique de la cornée de l'œil normal est égale à 43ᵈ environ, l'erreur maxima sera donc de $\dfrac{1}{43 \times 4}$ ou de $\dfrac{1}{172}$.

Une bonne précaution est de dilater les pupilles des yeux à observer pour que les mires se détachent sur le fond noir de la pupille. Deux gouttes de cocaïne à 2 0/0 suffisent à cet effet.

Pour éviter les reflets sur l'œil observé, la planchette doit être noircie, et le bas des carreaux recouvert d'un rideau opaque jusqu'à 1 m. 50 au-dessus du parquet. L'observateur, qui fait généralement face à la fenêtre, protégera ses yeux de la lumière incidente avec un écran. Il faut aussi éviter d'être vêtu d'étoffes claires, et opérer dans une chambre à tentures sombres, car tout se peint sur la cornée et les mires seules sont utiles à voir nettement.

Il est très important de s'assurer au moyen de la fente du disque de la parfaite horizontalité de la ligne des yeux de l'observé. Si l'on avait oublié cette précaution, on en serait aussitôt prévenu par ce fait qu'après déplacement latéral, on ne verrait pas immédiatement le second œil dans le champ de l'instrument qui vient de servir à observer le premier.

Il est de règle que l'observé regarde le milieu de l'objectif, et dans ce cas la ligne visuelle coïncide avec l'axe de l'ophtalmomètre. Mais l'axe de la cornée est situé légèrement en dehors et en haut par rapport à la ligne visuelle, ce qui donne aux yeux normaux l'apparence d'un léger strabisme divergent et ascendant (angle α)

Qand l'angle α ne dépasse pas quelques degrés, surtout si la forme de la cornée ne s'éloigne pas beaucoup de la sphérique, les mesures ophtalmométriques n'en sont guère affectées. Mais si l'œil est fortement décentré les images cornéennes des mires (*supposées ici toutes deux rectangulaires*), ne sont plus symétriquement placées par rapport au pôle de la cornée ; par suite elles ne sont plus d'égale grandeur, et de même les cercles concentriques du disque kératoscopique se peignent, pour la position centrale du regard, sous l'aspect de courbes légèrement ovoïdes, si bien que la réfraction cornéenne devient As. sans qu'il soit permis de dire que la cornée est As. Cette As. par décentration se reconnaît à ce caractère que dans le méridien de moindre courbure, les deux mires *rectangulaires* donnent des images de grandeur inégale. (Voir plus loin p. 103 les conclusions de Leroy et de Sulzer sur la dissymétrie de la cornée).

Quand on examine les parties périphériques de la cornée, il faut exactement noter les positions du regard au moyen du disque divisé en méridiens et parallèles.

La place de l'image qu'on observe à travers l'oculaire est marquée par un réticule fixe. L'image doit se former dans le plan de ce réticule. Chaque observateur doit donc commencer par mettre l'oculaire au point pour les fils. Si on ne le fait pas, on risque que les mesures soient fausses. L'oculaire ($= 60^d$ environ) se meut suivant une hélice et permet à chaque observateur l'adaptation exacte pour le réticule.

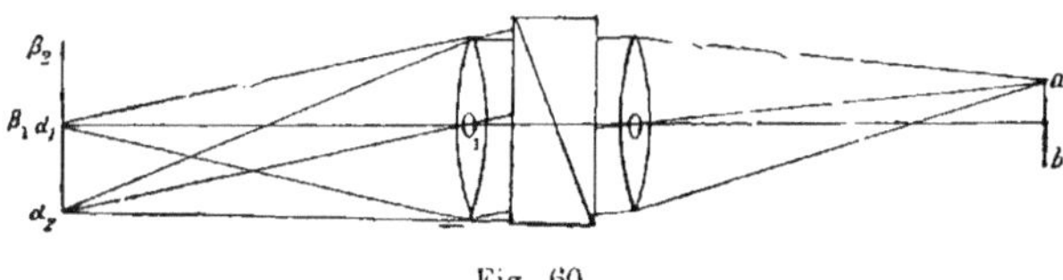

Fig. 60.

La figure 40 montre comment le système objectif donne deux images renversées de même grandeur que l'objet. En effet, après avoir traversé le système optique, le cône émanant de a est divisé en deux cônes complets qui forment chacun une image et dont l'un a pour axe l'axe de la lunette. On pourrait de même construire les images β et β_2 de b. Au moment du contact, le cône qui forme l'image β_1 coïncide complètement avec celui de α.

Nous avons vu qu'on obtenait le rayon de courbure R par la relation $R = \dfrac{2\,l\,I}{O}$. Le numérateur de cette fraction est constant puisque l'objet O est toujours à la même distance l du foyer négatif du miroir cornéen, et que I (l'image de O) mesure toujours 3 millimètres, car le prisme biréfringent de l'instrument ne dédouble exactement que 3 millimètres. La seule grandeur qui varie c'est donc l'objet, c'est-à-dire l'intervalle des 2 mires, dont la gauche ou rectangulaire est fixe, et la droite, qui est à gradins, mobile. A chaque grandeur de O ou de l'intervalle des mires correspondra donc un rayon particulier de la cornée $R = \dfrac{2\,l\,I}{O}$, et cette valeur de R peut se lire sur l'arc.

Mais en pratique, il importe beaucoup plus de connaître le pouvoir réfringent de la cornée ou sa puissance dioptrique π, et l'arc la donne également pour chaque valeur de R, trouvée par la mensuration de l'image cornéenne.

Or nous savons que si on fait $n'' = 1,33$ (voir p. 3) $\varphi' = 3$ R et que la puissance dioptrique $\pi = \dfrac{1}{\varphi'}$. Il sera donc facile de déduire de la valeur trouvée pour R dans chaque cas la puissance dioptrique π correspondante. Ex : avec R $= 7,5$ quelle est la puissance dioptrique π de la cornée ?

$$\varphi' = 3 \, \text{R} = 7,5 \times 3 = 22,5,$$

$$\pi = \frac{1}{\varphi'} = \frac{1000}{22,5} = 44,5.$$

Javal calcule π d'une façon analogue, mais il fait $n'' = 1,337$. D'après la formule, qui a été donnée p. 2 pour la longueur focale antérieure de la cornée, nous aurons :

$$\varphi' = \frac{\text{R}}{n'' - 1} = \frac{\text{R}}{1.337 - 1} = \frac{\text{R}}{0,337}$$

et comme la puissance dioptrique π est l'inverse de la longueur focale ou $\dfrac{1}{\varphi'}$, et que φ' et R sont exprimés en millimètres, nous aurons :

$$\pi = \frac{1}{\varphi'} = \frac{337}{\text{R}} = \frac{337}{7,5} = 44,9,$$

soit $0^d 4$ de différence, par suite de la différence des indices choisis. Relativement à la puissance dioptrique moyenne de la cornée (43 à 44^d) cette différence de $0,^4 4$ est moindre que $1/100$. D'où, à mon avis, l'avantage de choisir le chiffre rond ($n'' = 1,33 = 4/3$) qui facilite l'exposé théorique et les calculs.

La figure de la page 97 montre le nouveau modèle de l'ophtalmomètre Javal et Schioetz construit par Jobin (1).

L'expérience ayant montré que l'on négligeait trop l'emploi du disque kératoscopique joint à l'ophtalmomètre de Laurent, Javal rendit ce disque inamovible dans le modèle Goubeaux. Mais l'instrument ainsi modifié fut trouvé, en général, trop encombrant. C'est pourquoi le disque du dernier modèle (Jobin) a été fait plus petit. Le modèle Jobin présente en outre cet avantage que les mires sont solidarisées par une crémaillère, ce qui permet, en un instant, de comparer les mesures des parties périphériques de la cornée avec les mesures de la partie centrale.

Cet instrument se prête, de plus, à recevoir des modifications ultérieures, non publiées, dont le but sera de mesurer les défauts de centration de l'œil et aussi de faire des mesures au moyen de lampes à incandescence.

(1) Jobin, 21 rue de l'Odéon, Paris. Jobin est le successeur de Laurent qui avait construit avec tant d'habileté les premiers ophtalmomètres.

RÉSULTATS DE L'OPHTALMOMÉTRIE.

Depuis 14 ans un nombre toujours croissant d'observateurs a fait des mensurations cornéennes. Leurs noms sont associés dans les « *Mémoires d'ophtalmométrie* » publiés par Javal et déjà cités plus haut. Ce livre renferme les principaux résultats connus en 1890 ; je vais les énumérer rapidement :

Forme générale de la cornée. — Des mensurations faites par *Leroy* en 1889 il résulte : 1° La courbure de la section horizontale moyenne de la cornée diminue du centre à la périphérie et diminue environ quatre fois plus vite du côté nasal que du côté temporal ; 2° La courbure de la section verticale moyenne de la cornée diminue du centre à la périphérie et à peu près autant dans la moitié supérieure que dans la moitié inférieure.

Ainsi donc la courbure moyenne de la cornée diminue d'une manière générale du centre à la périphérie, mais cette diminution est variable dans les différentes directions. En prenant la diminution temporale comme unité, les diminutions verticales supérieure et inférieure seraient égales à 2 chacune, tandis que la diminution nasale est égale à 4. On voit que l'aplatissement vertical de la cornée est symétrique et l'aplatissement transversal asymétrique. Il en résulte que la cornée *normale* n'est ni une sphère ni un ellipsoïde de révolution, ni un ellipsoïde à 3 axes. De ces trois surfaces, celle dont elle s'écarte le moins est l'ellipsoïde à 3 axes, à condition de supposer que celui-ci a été aplati du côté nasal.

Sulzer, en 1891, dans un travail remarquable fait au laboratoire d'ophtalmologie de la Sorbonne (1), confirme et précise les vues de Leroy sur la dissymétrie de la cornée. Cette diminution inégalement rapide du rayon de courbure suivant les 4 directions interne, externe, supérieure, inférieure, en partant du sommet de la cornée, entraîne des conséquences importantes au point de vue de l'As. Sulzer les formule ainsi :

1° Les parties périphériques des cornées sans As. centrale, présentent une As. inverse ;

(1) SULZER. *La forme de la cornée humaine et son influence sur la vision.* Arch. d'opht., 1891 et 1892.

2° Les parties périphériques des cornées à As. directe faible au centre sont non As. ou présentent une As. inverse ;

3° Les parties périphériques des cornées à As. centrale inverse sont plus As. (dans le même sens) que les parties centrales ; .

4° Les parties périphériques des cornées à As. centrale directe d'un degré moyen ou fort, sont plus As. (dans le même sens) que les parties centrales.

L'As. des parties périphériques diffère donc de celle des parties centrales, et on comprend que la mydriase artificielle, en faisant jouer un rôle optique à ces parties périphériques, modifiera le degré de l'As., et parfois même changera sa forme (As. inverse au lieu de la directe).

Signalons en outre une autre conséquence de cette dissymétrie cornéenne : l'impossibilité de corriger parfaitement l'As. à l'aide des verres cylindriques.

Puissance dioptrique de la cornée. — Il n'y a aucune correspondance entre la puissance dioptrique de la cornée et la réfraction générale de l'œil. En effet la puissance dioptrique de la cornée peut être faible dans la M., forte dans l'H. et on la voit présenter une différence de 8^d dans des yeux qui ont cependant le même état de réfraction.

Même dans les yeux E la cornée n'offre pas de puissance dioptrique uniforme. Celle-ci varie de 39 à 40 D avec une moyenne de $43^d,5$ (*Swan Burnett*, 1888)

Les deux cornées d'un sujet non As. présentent une remarquable égalité de réfringence, et cela reste généralement vrai malgré la plus forte anisométropie. De même, chez une personne As. les méridiens principaux à maximum et à minimum de courbure des deux cornées sont égaux chacun à chacun, si les deux yeux ont le même degré d'As. (*Swan-Burnett, Javal*).

Le rayon de courbure de la cornée tend à augmenter de l'enfance à l'âge adulte, de sorte que sa puissance dioptrique diminue de 1,50 à 2^d (*Chibret*).

On s'est demandé si le rayon de courbure de la cornée dépendait de la taille, du sexe. Les recherches faites jusqu'ici n'ont pas donné de résultats assez concluants (*Tscherning* et *Bourgeois, Steiger*).

La race ne paraît pas avoir d'influence sur la grandeur du rayon de courbure cornéen (*Chibret*).

Proportion relative de l'As. directe et de l'As. inverse cornéennes ; leur degré. Direction des méridiens principaux. — L'As. directe (méridien vertical plus réfringent) est la plus fréquente, l'As. inverse (méridien horizontal le plus réfringent) ne s'observe que rarement, dans 1/5 à 1/10 des cas.

L'As. directe atteint fréquemment 1 à 3_d, elle peut dépasser 6^d. L'As. inverse est relativement moins forte, elle dépasse rarement 3^d ; elle est le plus communément comprise entre 0,75 et 1,50.

Malgré cette différence considérable dans le degré que présentent ces deux variétés d'As., l'As. inverse est aussi utile à corriger que l'As. directe, en raison de ce fait que l'As. inverse est une cause d'asthénopie plus intense que l'As. directe de même valeur.

L'As. inverse semble d'autant plus fréquente que les sujets mesurés sont plus âgés (*Pflueger, Steiger*).

On sait depuis longtemps pour l'As. totale, — et il en est de même pour l'As. cornéenne, — que le défaut est souvent placé symétriquement dans les deux yeux par rapport à la ligne médiane du corps. Par conséquent, toutes les fois qu'on a mesuré les deux cornées d'un sujet, il faut s'assurer s'il y a symétrie en vérifiant si le total des deux angles est égal à 180°, mais ne pas s'émouvoir si la symétrie n'est pas exacte. La symétrie est d'autant moins exacte que la valeur de l'As. des deux yeux s'écarte plus de l'égalité (*Javal, Pfalz*).

Nous avons vu p. 11 que dans l'action dioptrique totale de l'œil la cornée entre pour presque les 3/4. On pouvait donc s'attendre à ce que dans l'As. totale les méridiens principaux eussent à peu près la même direction que dans l'As. cornéenne, et c'est en effet ce qui a été très généralement constaté (1). On peut même dire que dans les cas où l'As. cornéenne dépasse une dioptrie, l'écart, quand il existe, est rarement supé-

(1) Pflueger va même jusqu'à dire « Mït Rücksicht auf die Uebereinstimmung der Ophtalmometrisch gefunden en Hauptmeridiane der Cornea und subjectiv gefundenen Hauptmeridiane des Gesammt-Auges, habe ich 97, 3 p. 100 Coinzidenz zu notiren ».

D'autres observateurs ont cependant trouvé une moins forte proportion de coïncidence.

rieur à 5°. Il va sans dire que l'on peut rencontrer entre l'As. totale et l'As. cornéenne des écarts de position très considé_ rables quand cette dernière est à peu près négligeable.

Les yeux où les méridiens principaux ne sont pas exacte- ment perpendiculaires entre eux deviennent de plus en plus nombreux à mesure qu'on observe mieux.

Valeur de l'astigmie totale déduite de la valeur de l'astig- mie cornéenne. — Il faut toujours avoir présent à l'esprit la fréquence d'une As. cristallinienne statique inverse d'environ 0,75, qui domine la situation quand l'As. cornéenne est très faible, et qui la compense partiellement jusqu'aux environs de 2,25 ou 3^d (*Schiœtz, G. Bull, Chibret, Martin*).

Ceci explique que l'As. totale est plus petite que la cor- néenne lorsque celle-ci est directe, tandis que le contraire a lieu si l'As. cornéenne est inverse.

L'application de cette règle donnerait pour l'astigmie cor- néenne (As. C) et pour l'astigmie totale (As. T) les valeurs respectives suivantes (*Javal*) :

As. C = — 1   0   1   2   3   4   5
As. T = — 1,75 — 0,5 + 0,75 + 2 + 3,25 + 4,5 + 5,75

Le signe — désigne l'As. inverse et + l'As. directe.

Variabilité de l'astigmie cornéenne. — On a généralement admis l'invariabilité de l'As. cornéenne. Des observations bien prises sur la même personne et à de longs intervalles semblent démontrer le contraire (*Bull*).

Dans quelques cas d'hypertonie avec symptômes glauco- mateux l'As. inverse tend à remplacer l'As. directe ; l'hyper- tonie tend à déplacer de la verticale vers l'horizontale le mé- ridien le plus réfringent (*Martin, Pflueger* et *Eissen*).

Accommodation astigmique compensatrice. — Javal pense que dans un certain nombre d'yeux, mais exclusivement chez les personnes qui font usage de leur accommodation sphéri- que, il existe une accommodation astigmique compensatrice de leur astigmie cornéenne. L'accommodation astigmique serait donc toujours accompagnée d'un certain degré d'ac- commodation sphérique, mais il n'a rencontré cette accom- modation ni chez les vieillards, ni chez les myopes d'un de- gré supérieur à 4^d et qui ne portent pas de verres concaves, ni dans les yeux habituellement exclus de la vision (strabiques), et quand il l'a rencontrée, elle a rarement dépassée une demi-dioptrie (*Martin, Javal*).

Cornée astigmique décentrée. — Quand on se met à faire de l'ophtalmométrie, on ne tarde pas à rencontrer des yeux pour lesquels la recherche des méridiens principaux par la dénivellation est impossible. Quand les lignes de foi des deux mires sont amenées à coïncidence, les mires sont déformées d'une manière particulière qui participe de la déformation produite par le décentrage des yeux de révolution. Quand on rencontre des cas de ce genre, il va sans dire que la mesure de l'astigmie cornéenne telle qu'on la pratique habituellement est sans valeur. Jusqu'ici les observateurs n'ont pas suffisamment tenu compte de la décentration. Il faut toujours regarder si, dans les positions sans dénivellation, les mires sont d'égale grandeur (*Javal*).

Réfraction sphérique chez l'As. corrigé. — En général, chez les sujets qui ont une vision binoculaire solidement établie les méridiens les plus réfringents des deux yeux ont la même réfraction, c'est-à-dire que si l'on corrige l'As. par des cylindres convexes on doit s'attendre à trouver des deux côtés le même verre sphérique (*Javal*).

Utilité de corriger l'As. faible. — Il ne faut pas hésiter à prescrire les cylindres faibles, attendu que même les degrés faibles d'astigmie peuvent causer des migraines, de l'asthénopie, des blépharites, des conjonctivites, occasionner des staphylomes postérieurs et faciliter le développement de la myopie (*G. Martin*).

Astigmie et strabisme. — Chez la plupart des strabiques, c'est l'œil le plus astigmique qui est dévié, parce que le moins As. a été choisi pour la vision (*Javal*). Et de même : « Il nous paraît légitime de conclure que l'As, comme l'H, est une cause prédisposante à la production du strabisme convergent (*Chevallereau*).

Astigmie et myopie.—Enfin l'As. non corrigée joue un rôle important dans le développement de la myopie scolaire (*Javal, G. Martin*).

Astigmie post-opératoire. — Consécutivement à l'extraction de la cataracte on observe :

1° Dans le méridien parallèle à la section l'excentricité de l'ellipse cornéenne augmente.

2° Dans le méridien perpendiculaire à la section l'excentricité de l'ellipse cornéenne diminue à ce point que le méridien offre une courbure presque circulaire.

Ces modifications très prononcées dans les premiers jours après l'opération diminuent ensuite et se conservent partiellement surtout dans le méridien vertical (*Scimemi* 1889). Voici un exemple tiré de ses tableaux :

DATE DE L'OBSERVATION	MÉRIDIEN	RAYON	PUISSANCE DIOPTRIQUE	As.
Avant l'opération	0°	8,04	42	1
	90°	8,23	41	
7 jours après	0°	7,26	46,50	8,50
	90°	8,88	38	
30 jours après	175°	7,71	43,75	3,50
	90°	8,38	40,95	

On remarquera que ce sujet avait déjà antérieurement à l'opération une As. inverse de 1^d, et que finalement les 2 méridiens principaux ne sont plus perpendiculaires entre eux.

Chibret (1) fut le premier à démontrer cette action simultanée et inverse de l'opération sur les deux méridiens principaux de la cornée, action qu'on peut en général définir ainsi : la somme dioptrique post-opératoire des 2 méridiens principaux est égale à celle anté-opératoire, quoique l'opération intervertisse les directions respectives des méridiens à maximum et à minimum de courbure. Du moins, c'est ainsi que je crois pouvoir formuler ce qu'il a exposé dans une communication en 1886.

En somme, toute opération impliquant une section de la cornée (iridectomie, extraction du cristallin) entraîne de l'As. post-opératoire dont le degré varie avec le mode de cicatrisation de la plaie, le tonus de l'œil, l'As. anté-opératoire, et

(1) CHIBRET. *Lois des déformations astigmatiques consécutives à l'opération de la cataracte.* Compte-rendu de la Soc. Franç. d'opht., 1886, p. 66.

avec le temps écoulé depuis l'opération. Après 6 mois, on peut considérer le degré d'As. comme définitif.

Il y a près de 30 ans (1866) que Javal a estimé l'As. post-opératoire définitive des opérés de cataracte *en moyenne* à 1/24, soit 1,50 à 1,75 en dioptrie (1). Cette valeur est encore vraie.

L'astigmie post-opératoire est toujours irrégulière, quoique en grande partie corrigible. Quand elle est due à une iridectomie simple, ou à une extraction de cataracte avec iridectomie, on trouve souvent une discordance entre la mesure ophtalmométrique et la détermination subjective. Ceci tient à ce que l'iridectomie fait entrer en jeu les parties périphériques de la cornée, dont l'action optique est différente de celles du centre (2).

Pflueger, en 1890, a donné une importante statistique de cas d'As. Je crois bon d'en donner ici un résumé, quoique dans les valeurs ci-dessous il s'agisse d'As. totale. Tous ces cas d'As. avaient d'ailleurs été observés par Pflueger lui-même à l'ophtalmomètre. Cette statistique me paraît compléter ce qui a été dit précédemment sur l'As. cornéenne.

1°). *Formes de l'As :*

As. M ou H simple............	33,5	0/0
As. M composée...............	43	0/0
As. H composée...............	23	0/0
As. mixte...	0,5	0/0

1910 cas d'As.

2°). *Proportion relative des As. directe, inverse, oblique, aux différentes décades de la vie.*

Age :	1-10.	10-20.	20-30.	30-40.	40-50.	50-60.	60-70.
As. directe :	97 o/o	92	89	82	75	73	53
As. inverse :	0	5	10	14	15	22	39
As. oblique :	3 comme minimum et comme maximum						8

(1) Voir traité de Wecker 1re édition.
(2) Je me souviens d'avoir lu sur l'As. post-opératoire un excellent travail dû à un élève du professeur Gayet (de Lyon), travail fait au moyen de l'ophtalmomètre. La hâte avec laquelle je suis obligé de rédiger ce rapport m'empêche seule de le consulter à nouveau, et de donner le nom de l'auteur que j'ai oublié.

Pflueger n'explique pas pourquoi l'âge fait augmenter le nombre des consultants atteints d'As. totale inverse ; du moins je ne trouve pas d'explication dans le texte allemand que j'ai sous les yeux.

3°). *Direction des méridiens principaux par rapport à la verticale et à l'horizontale* :

1 Vertical et horizontal exactement	56 0/0
1*bis* — — à peu près	4 0/0
2 Obliques et symétriques	11 0/0
2*bis* — et à peu près symétriques	3 0/0
3 — et parallèles	7 0/0
4 — irrégulièrement	19 0/0

4°). *Acuité visuelle de l'As. corrigé* :

Degré de l'Astigmie	0,25-1	1,25-2	2,25-3	3 et au-dessus
Degré de l'acuité visuelle.	1	0,84	0,68	0,33

L'acuité visuelle de l'As. corrigé est d'ailleurs un peu meilleure pour les formes d'As. H ou M simple que pour les formes composées.

VIII. — KÉRATOSCOPIE.

Pour reconnaître les irrégularités cornéennes et étudier la topographie de la cornée, Javal a recommandé le disque kératoscopique en 1880, à peu près en même temps que Placido (Voir fig. 62).

Quelque temps après il a publié une série très importante d'images kératoscopiques prises sur des yeux, ou normaux, ou astigmiques, ou décentrés. Ces images se trouvent dans le premier volume du compte rendu de notre société (p. 31 à 46, année 1883) ; elle sont révélé dès cette époque toute l'importance de ce procédé d'examen.

Depuis, un grand nombre d'autres figures ont été publiées ; les 3 fig. 63, 64 et 65, empruntées au traité de Lagrange (1) montrent les différents aspects des images suivant que la cornée est

(1) LAGRANGE, *Traité pratique des anomalies de la vision*. Steinheil, éditeur, Paris, 1892.

normale ou anormale. On peut d'ailleurs photographier les images cornéennes du kératoscope et comparer ainsi les nouvelles épreuves aux anciennes pour un même malade.

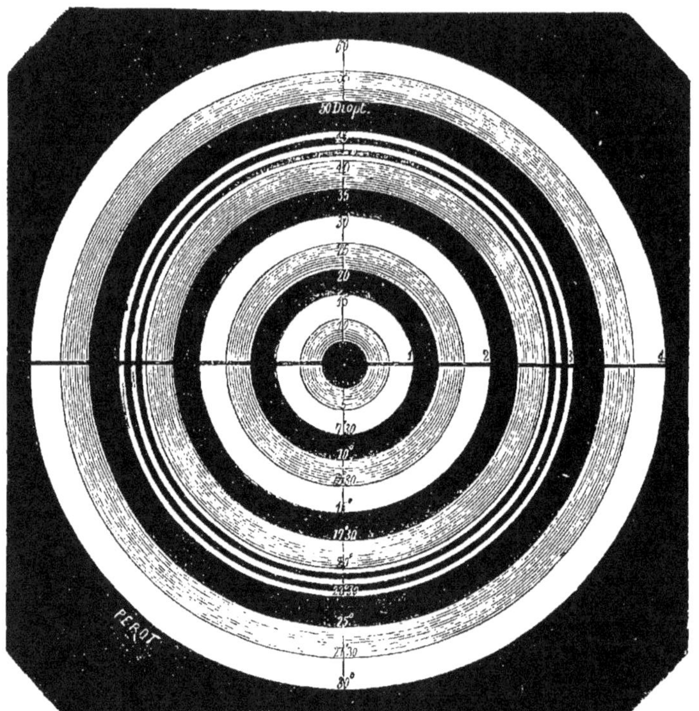

Fig. 62. — Disque Javal et Schioetz pour la kératoscopie.

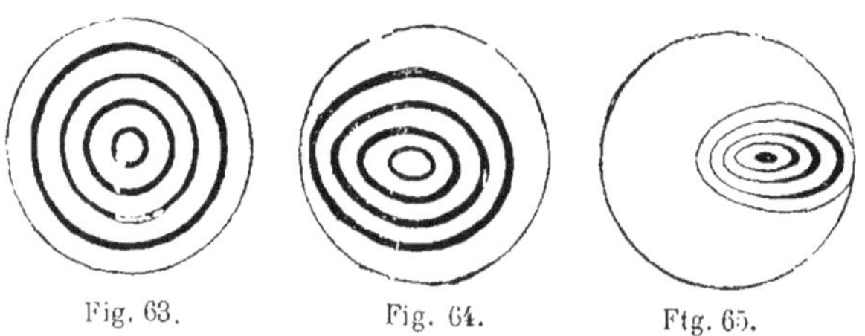

Fig. 63.   Fig. 64.   Fig. 65.

Quant à la PHAKOMÉTRIE j'aurais voulu vous présenter une analyse des travaux déjà publiés sur cette difficile question, et plus particulièrement de ceux de notre collègue Tscherning. Mais d'un côté les résultats de la phakométrie sont encore peu certains, et de l'autre ce rapport n'est déjà que trop long et je dois m'arrêter.

Verres correcteurs des défauts optiques de l'œil. — 1° L'amétropie sphérique (H. ou M.), se corrige avec les verres *sphériques concaves ou convexes* dont la découverte paraît remonter au 13e siècle, ou avec des *ménisques convergents ou divergents* (verres dits périscopiques) proposés par Wollaston en 1804.

2° L'amétropie astigmique se corrige avec les verres *cylindriques* (fig 66) que nous devons à l'astronome anglais Airy (1827), ou bien avec des verres *toriques*. Le tore est la surface engendrée par un cercle qui tourne autour d'une droite située dans le plan du cercle. Comme exemple de tore on peut citer la grosse moulure qui est, en général, à la

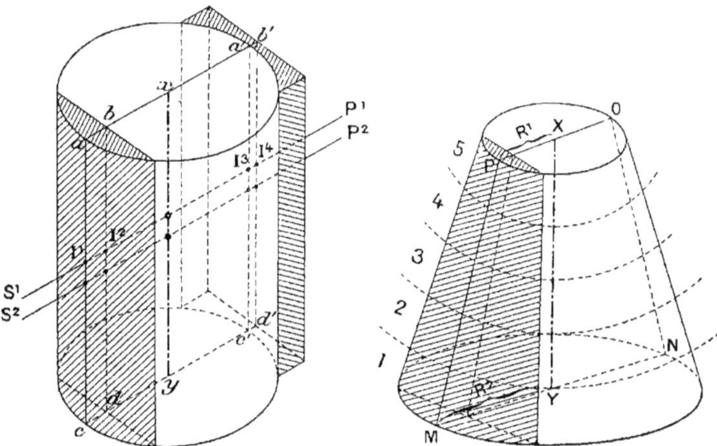

Fig. 66. — Verres cylindriques.   Fig. 67. — Verres coniques.

base des colonnes ; sa courbure la moins forte est dans le sens horizontal, et la plus forte dans le sens vertical.

De même, dans la fig. 43, en raison de la différence de courbure des deux méridiens x x' et y y' correspondant à la différence des rayons r et r', un verre dont une surface serait torique concave et l'autre plane, agirait comme un verre concave dans les deux méridiens, mais plus fortement dans l'un que dans l'autre ; l'effet total serait égal à celui d'un cylindre concave combiné avec un sphérique concave. En travaillant la surface plane de ces verres avec un outil sphérique, on arrive à faire des verres équivalents à toutes les combinaisons dans lesquelles entrent les verres cylindriques. Les verres toriques paraissent présenter sur les verres sphéro-cylindriques l'avantage d'être plus périscopiques (1).

D'après Javal, l'opticien Suscipi, de Rome, avait fait vers 1840 ou 1844 des verres toriques pour le peintre français Cassas, atteint d'As. Mais la tradition s'en perdit, et l'opticien successeur de Suscipi, que Javal vit à Rome en 1868, ignorait totalement les verres toriques.

C'est en février 1877 que M. Georges Poullain, de Paris, a présenté à l'Association française pour l'avancement des sciences des verres toriques et un appareil permettant de les fabriquer.

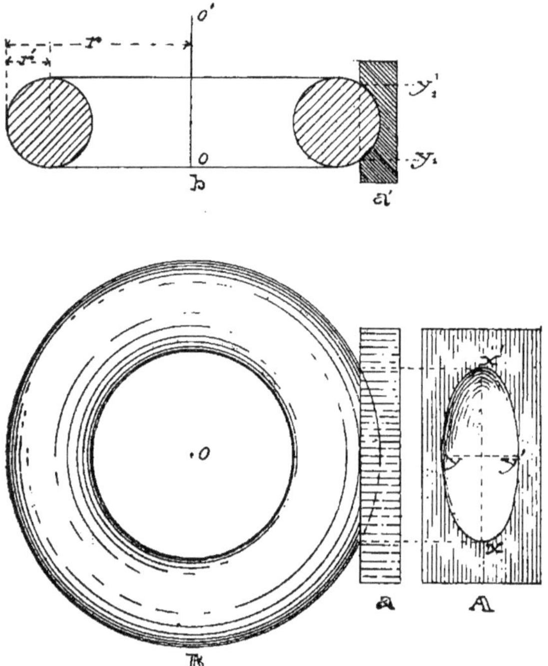

Fig. 68 et 69. — Verres toriques.

3° Quand l'As. est irrégulière et qu'il y a une forte dyssymétrie entre les deux moitiés de la cornée, il peut y avoir avantage à employer les verres *coniques*, de préférence aux cylindriques.

D'après une communication orale, M. Javal aurait le premier fait fabriquer des verres coniques, mais c'est à M. Galezowski que revient le mérite de les avoir introduits dans l'ophtalmologie et d'avoir précisé leurs indications.

(1) George G. Bull, *Lunettes et pince-nez*, Masson éditeur, Paris.

9 782019 636456